大数据技术与应用

汇计划在行动

吴俊伟 朱扬勇

主编

上海科学技术出版社

图书在版编目(CIP)数据

汇计划在行动/ 吴俊伟,朱扬勇主编.—上海:
上海科学技术出版社,2015.1(2016.2 重印)
(大数据技术与应用)
ISBN 978−7−5478−2447−4

Ⅰ.①汇...　Ⅱ.①吴...②朱　Ⅲ.①数据处理—研
究　Ⅳ.①TP247

中国版本图书馆 CIP 数据核字(2014)第 261267 号

汇计划在行动

吴俊伟　朱扬勇　主编

上海世纪出版股份有限公司
上海 科 学 技 术 出 版 社　出版
(上海钦州南路 71 号　邮政编码 200235)

上海世纪出版股份有限公司发行中心发行
200001　上海福建中路 193 号　www.ewen.co
苏州望电印刷有限公司印刷
开本 787×1092　1/16　印张 6
字数 130 千字
2015 年 1 月第 1 版　2016 年 2 月第 3 次印刷
ISBN 978−7−5478−2447−4/TP·34
定价:45.00 元

内容提要

本书介绍了《上海市推进大数据研究与发展三年行动计划(2013—2015 年)》的编制和实施过程。系统介绍了对大数据概念、内涵、技术和应用方面的认识,介绍了在上海信息化建设的基础和现状之上,如何让大数据在上海落地,并着力解决大数据应用过程中的关键技术问题,开展数据科学前瞻研究和人才培养;对三年行动计划进行了全面解读;介绍了"上海大数据产业技术创新战略联盟"发起、组建、运行方面的情况;介绍了"上海市数据科学重点实验室"的研究方向、管理模式和开放模式。

本书的主要读者是大数据及相关专业的从业人员。

大数据技术与应用

学术顾问

前　言

　　2012 年，上海市科学技术委员会开始布局大数据研究项目，先期布局的项目是"城市交通大数据应用关键技术研究与示范"和"区域医疗大数据挖掘技术研究与示范应用"，并启动了大数据行动计划的编制工作。2013 年 7 月，上海市科学技术委员会正式颁布《上海推进大数据研究与发展三年行动计划》(2013—2015 年)(以下简称"汇计划")，并成立了"推进办公室"具体负责"汇计划"的推进实施。

　　2013 年 7 月，上海一批企业和研究机构发起成立了"上海大数据产业技术创新战略联盟"，在全社会营造数据研究和开发的氛围，促进形成若干引领大数据产业技术创新的企业联合实体，旨在打破现有的数据流通壁垒、加强企业间数据信息合作，形成产业核心竞争力，突破核心技术，形成产业技术标准。2013 年 9 月，上海市科委批准筹建"上海市数据科学重点实验室"，重点研究大数据基础理论和关键技术，研究数据科学学科发展，编制大数据人才培养方案和开展培养工作。2015 年起，复旦大学正式招收"数据科学专业"研究生。

　　上海的大数据研究与发展已经取得了可喜的成绩。在大数据基础设施方面，开发了大数据一体机、实时数据库、内存计算平台等；在大数据关键技术方面，设计了一批新型大数据挖掘算法，包括：多种大数据压缩算法、多级缓存算法、大数据聚类算法、特异群组挖掘算法、图挖掘算法、流数据挖掘算法等；在大数据应用方面，健康医疗、城市交通、互联网广告、航空、航运、互联网金融等诸多领域开发了相应的大数据服务平台；另外，在大数据质量、大数据评测、大数据治理方面取得积极成果。相关成果写入了《数据密集型计算和模型》、《大数据：应用与测评技术》、《城市交通大数据》、《医疗大数据》、《城市的数据逻辑》、《智慧城市大数据》、《金融大数据》等著作。

　　本书作为《大数据技术与应用》丛书的分册之一，主要介绍大数据基本概念和内容、大数据的发展和应用,介绍汇计划的编制形成,解读汇计划的内容,介绍"上海大数据产业技术创新战略联盟"和"上海市数据科学重点实验室"的基本情况。希望通过本书能让读者对上海大数据研究与发展的总体情况有一个全面的了解,为阅读《大数据技术与应用》丛书的其他分册提供背景知识。

本书由吴俊伟、朱扬勇策划并确定内容和组织编写,第一章由朱扬勇编写,第二章由吴俊伟、廖志成编写,第三章由吴俊伟、毛火华编写,第四章由熊赟编写。全书由吴俊伟、朱扬勇统稿。

因作者技术水平和理解能力所限,书中难免有错误不妥之处,欢迎批评指正。

作 者

2014 年 9 月

目 录

第1章

大数据

当今,几乎各个领域的人,都在使用或关注大数据。一种技术、一个概念让政界、商界、学界的各个领域都为之兴奋不已,甚至超过了当年计算机的诞生,也超过了互联网的诞生。一夜间,大数据无处不在,大数据企业遍地开花。那么,大数据究竟是什么? 为什么不叫"大信息"而叫"大数据"? 大数据有什么用? 如何用? 该如何培养数据科学家? 本章将试图回答这些问题,并介绍数据科学家及其培养情况。

1.1 数据界

网络空间(Cyber Space)是指计算机网络、广播电视网络、通信网络、物联网、卫星网等所有人造网络和设备构成的空间,这个空间真实存在。信息化的本质是将现实世界中的事物转化成数据并存储到网络空间中,即信息化是一个生产数据的过程,网络空间中的所有数据构成数据界(Datanature)[1,2]。

1.1.1 数据

"数据"(Data)的含义很广,不仅指 1011、8844.43 这样一些数字,还指"datalogy"、"小舟扬帆出海"、"11/11/11"等符号、字符、日期形式的数据。数据是指能够输入到网络空间中的任何东西,如数值、字符、声音、图像等,处理数据的计算机程序本身也是"数据"[2]。

"Data"一词来源于拉丁语单词"Datum",含义为"给定的事物(thing given)",数据的最初含义是对事物的度量,例如 39℃、96 kg、CPI 为 3.6 等。数据是人类记住事物的方式之一。试图记住知道的东西是人的天性,但是人并不能做到过目不忘,于是人类寻求辅助手段来帮助记忆,数据便成为记录事物的符号。印刷术和造纸术的发明后,大量自然界的事物(自然现象、人文和社会等)用文字和图形表示,然后印刷成书等。它们可以长期保存,大量复制,并可以广泛传播。历史的事物或经历被记载在书中被存储和传播,如四库全书、圣经、史记等。自电子计算机及其存储设备发明以来,人类开始以二进制数位(bit)的形式记录事物,这些记录在磁、光、电介质上的数据更持久,并且通过计算机网络传播更快。当前,"数据"主要指计算机系统能够处理的任何东西,或者说是网络空间中的任何东西。例如,电影、照片、微博、微信、购物记录、住宿记录、乘坐飞机记录、银行消费记录、政府文件等都是数据。

数据是指网络空间中的唯一存在,即网络空间中的任何东西,是可度量的,可处理的,可观测的,并占有空间的。

网络空间中,有各种各样的数据,如何对数据进行分类是一个重大科学问题,是数据科学的一个重要研究方向。进行合理的数据分类需要科学家长期的努力。下面是对数据进行一些直观上的分类。

1) 依据数据表示的含义来划分

从数据表示的含义来分,数据可以分为两类:一类是表示现实事物的数据,称为现实数据,另一类则不表示现实事物,只在网络空间中存在,称为非现实数据。

现实数据主要包括:

(1) 感知数据 是指通过感知设备感知现实世界获得的数据,包括感知生命的数据。这类数据是客观世界的直接反映。

(2) 行为数据 是指人类科学研究、劳动生产、生活行为等所产生的数据。这类数据是人类行为的直接反映。

非现实数据种类繁多,目前还不能很好地进行分类,举例如下:

(1) 计算机病毒 是指能够自我复制的一组计算机指令或程序代码,只在数据界中存在,而在自然界没有映射。

(2) 网络游戏 包括与自然界对应的场景映射到网络空间中,和只在网络空间中的游戏场景设置。

(3) 垃圾数据 是指没有任何含义的数据。

2) 依据数据的权属来划分

数据权属还没有法律的界定,从目前数据的属性和数据被占有的情况来看,数据可以分成以下四类:

(1) 私有数据 主要指个人隐私数据和个人工作数据。而个人工作数据涉及内容繁多,包括是工作单位的数据、个人工作需要收集到的数据和其他需要获得的数据等,还有散落在互联网络上的个人数据。

(2) 企业数据 主要是指企业生产经营数据、企业的客户数据、企业的竞争对手数据、行业数据等,这些数据主要存储在企业的计算机系统中。

(3) 政府数据库 主要指存储在政府计算机系统中的数据。

(4) 公共数据库 主要是指发布在公共网站上的数据,这些数据能够通过搜索引擎访问到。

3) 依据数据的组织形式来划分

从数据的组织形式来看,数据主要有下列一些组织形式:

(1) 专用格式数据 有相当多的数据是由专用数字化设备产生的数据,如医学影像数据(X 射线片、MR、CT 等)、遥感数据、GPS 数据等。这些数据的处理需要专门的设备或专门的软件。

(2) 通用格式数据 在信息化早期阶段,大多数数据库都是存储在文件或通用数据库中的,由文件系统或通用的数据库管理系统来管理。这些数据结构清楚,处理方便。

(3) 互联网数据 互联网上的数据,种类和格式繁多,还包括很多垃圾数据、病毒数据,关键是如何找到有用的数据。由于互联网数据的存在,使整个网络空间中的数据更加显现出自然界的一些特征。

1.1.2 数据资源

经过国民经济与社会信息化发展战略的实施,信息技术(Information Technology,IT)已被大众所熟悉,今天的工作、学习、生活无不依赖于信息技术。现在,很难想象如果没有银行卡如何出差旅游、买房买地;很难想象如果没有收银机超市如何运行;很难想象如果办公室没有计算机该如何工作等。信息化给我们的工作、学习、生活带来便利,我们已经不能退回到信息化之前的时代了,这是信息化的成就。

那么,信息化到底做了什么呢? 信息化是将我们过去手工做的事情转换成计算机来做,并且会更加准确、方便、高效;信息化还将现实的事物通过摄像头、麦克风、传感器等采集到计算机中。透过信息化给人类带来好处的现象,所有信息化的结果是在计算机系统中形成了很多数据,所以我们不断地购买存储系统、买硬盘、买光盘、买 U 盘,不断地做备份,不断地保安全,为的是保存好信息化的成果、保存好工作成果、保存好值得纪念的东西等。因此,从网络空间的视角来看,信息化的本质是生产数据的过程。

随着信息化产生的数据逐渐积累,自然而然地形成了一个新的概念——数据资源。有含义的数据集结到一定规模后形成数据资源[2]。

“一定规模”是数据资源的要求,没有“一定规模”不能称为数据资源。当少数人、少数实体、少数工作实施信息化阶段,数据并不形成资源。但到了信息化时代,信息化的广度和深度都达到了相当水平,数据就成为资源。以个人数据为例,一个人的身份数据不能称为数据资源,但是一个城市所有居民的身份数据是很重要的数据资源。另外,计算机使用者也已经产生了很多数据资源,很多计算机用户个人都会有 TB 级别的硬盘、GB 级别的 U 盘或是 TB 级别的移动硬盘,他们在其中存储了大量文档资料、数码照片、家庭视频,以及他们收集到的其他数据,这些都是个人数据资源。更大的数据资源来自科学研究、广播电视和整个互联网等。在国民经济与社会信息化建设过程中,国家正在致力于建设自然人数据库、法人数据库、空间地理数据库和宏观经济数据库,这些都是很重要的数据资源。

信息化形成的数据资源非常巨大。当前,世界各国都在利用卫星、电子望远镜等设备,开展太空探测、深海探测、地球勘探等活动,收集宇宙、大气、地球、海洋等自然数据,形成自然数据资源;也利用 DNA 测序获得关于生命的数据,形成生命数据资源;国民经济与社会信息化则产生了社会发展和人类行为的数据,形成了经济社会资源。例如,在国民经济领域,有国家统计数据、证券交易数据、海关数据等;在社会领域,有民政数据、交通数据、医疗保险数据,以及大量的互联网行为(电子商务行为、网络游戏行为、电子邮件行为、网络社区)等；在科学研究领域，有国家建设的地球系统科学数据共享平台、国土资源科学数据共享网、中国气象科学数据共享网等。

当前，整个社会已经离不开网络空间。事实上，社会是运转在网络空间中的。社会运转依据数据进行，并在运转中生产新的数据，人类行为以数据的形式记录在网络空间中。人类的社会、政治和经济活动都将依赖于数据资源，而石油、煤炭、矿产等自然资源的勘探、开采、运输、加工、产品销售等无一不是依赖数据资源，离开了数据资源这些工作都将无法开展。因此，数据资源是一种重要的现代战略资源，其重要程度将越来越明显，在21世纪有可能超过石油、煤炭、矿产等自然资源，成为人类最重要的资源之一。

对网络空间数据资源的占有、开发和利用在一定程度上也将是未来国家政治的战略竞争之所在。"茉莉花事件"、"震网事件"和"斯诺登事件"表明，网络空间中的政治、军事手段的威力将远超过核武器的威力，所谓的"货币战争"也是在网络空间中发生的战争。美国于2009年成立了网络部队司令部，开始了对网络空间的战略占领和控制。

数据资源的战略性表现在以下几个方面：

（1）掌握数据资源将在国际上掌握主动权。不论是反倾销诉讼、铁矿石谈判、汇率问题、节能减排、碳关税谈判等重大国际政治、经济事务，无一不依靠数据进行决策。相关数据在网络空间中是存在的，需要将它们开发出来，为政治、经济服务。

（2）掌握数据科学技术就是掌握未来经济。掌握数据科学技术才能开发利用数据资源，数据资源开发利用是未来产业的制高点。数据产业是战略型新兴产业，发展数据产业可以产生巨大的经济和社会效益，使国家从"国民经济与社会信息化战略"转向"基于网络空间的现代国家管理发展战略"。

特别需要注意的是，作为一种资源，数据应该有相应的权益。数据权益是指数据的所有权和获益权，需要建立相应的法律来保护数据的所有者权益。

亚马逊前首席科学家表示"数据是原油，但石油需要加以提炼后才能使用，从事海量数据处理的公司就是炼油厂"。国民经济与社会信息化形成的自然数据资源、经济社会数据资源、网络行为数据资源等非常巨大，正是这些数据资源的开发利用构成了当前的大数据热潮。

1.1.3 数据界的特征

人类社会的进步发展是人类不断探索自然（宇宙和生命）的过程，当人们将探索自然界的成果存储于网络空间中的时候，却在不知不觉中创造了一个数据界。虽然是人生产了数据，并且人还在不断生产数据，但当前的数据已经表现出不为人控制、未知性、多样性和复杂性等自然界特征。

1）数据不为人类控制

数据爆炸式增长，人无法控制它，人们还无法控制计算机病毒大量出现和传播，垃圾邮件泛滥，网络攻击数据阻塞信息高速公路等。现在的日常生活中，人们都在不断生产数据，不仅使用计算机产生数据,还使用各种电子设备在生产数据,例如:拍照片、拍电影、出版报纸等都已经数字化了,这些工作都在生产数据;拍 X 射线片、做 CT 检查、做各种检验等也都在生产数据;人们出行乘车、上班考勤、购物刷卡等也都在生产数据;像计算机病毒这类数据还能不断快速大规模地生产新数据。这种随时随地大规模生产数据的情形是任何政府和组织所不能控制的。虽然从个体上看,生产数据是有目的的、可以控制的,但从总体上看,数据的生产是不以人的意志为转移的,是以自然的方式增长的。因此,数据增长、流动已经不为人类所控制。

2) 数据的未知性

在网络空间中出现大量未知的数据、未知的数据现象和规律,这是数据科学出现的原因。未知性包括:不知道从互联网上获得的数据是否是正确的和真实的;在两个网站对相同的目标进行搜索访问时得到的结果可能是不一样的,不知道哪个是正确的;也许网络空间中某个数据库早就显示人类将面临能源危机,却无法得到这样的知识;人类还不知道数据界有多大,数据界以什么样的速率在增长。

早期使用计算机是将已知的事情交给计算机去完成,将已知的数据存储到计算机中,将已知的算法写成计算机程序。数据、程序和程序执行的结果都是已知的或可预期的。事实上,这期间计算机主要用于日常工作和生活,帮助人们提高工作效率和生活质量。因此,所做的事情和生产的数据都是清楚的。

随着设备和仪器的不断数字化,各种设备都在生产数据,于是大量人们并不清楚的数据被生产出来并存入网络空间。例如:自从人类基因组计划(Human Genome Project, HGP)开始后,巨量的 DNA 数据被存储到网络空间中,这些数据是通过 DNA 测序仪器检测出来的,是各种生命的 DNA 序列数据。虽然将 DNA 序列存入网络空间,但在存入网络空间时并不了解 DNA 序列数据表达了什么? 有什么规律? 是什么基因片段使得人与人之间体貌特征相同或不同,物种进化的基因如何变化? 是否有进化突变? ……

虽然每个人是将自己已知的事物和事情存储到计算机系统中,但是当一个组织、一个城市或一个国家的公民都将他们个人工作、生活的事物和事情存储到网络空间中,数据就将反映这个组织、城市或国家整体的状况,包括国民经济和社会发展的各种规律和问题。这些由各种数据的综合所反映的社会经济规律是人类事先不知道的,即信息化工作将社会经济规律这些未知的东西也存储到了网络空间中。

在新型的数字产品方面,数据更是未知的。例如,电子游戏创造了一个全新的活动区域,这个区域的所有场景、角色都是虚拟,甚至有虚拟的货币。这些虚拟区域的事物又通过游戏玩家与现实世界联系在一起。因此,游戏世界表现和内在的东西在现实世界中没有,是未知的。

3) 数据的多样性和复杂性

随着技术的进步,存储到网络空间中的数据类别和形式变得多样。所谓数据的多样性是指数据有多种类别,如各种语言的、各种行业的、空间的、海洋的、DNA 等,也有在互联网中/不在互联网中的、公开/非公开的、企业的/政府的等；所谓数据的复杂性是指数据具有各种各样的格式，包括各种专用格式和通用格式，并且数据之间存在着复杂的关联性。

由于网络空间的数据已经表现出不为人控制、未知性、多样性和复杂性等自然界特征，所以一个数据界已经形成。

网络空间中的所有数据构成了数据界，而网络空间是数据的载体，不作为数据界的组成部分来看待。

需要注意的是，从数据界中获取一个数据集服务于某项决策工作将是未来的常态工作。其中的数据获取工作包括收集、清洁、整合、存储与管理等；数据服务包括对数据集进行数据分析，建立业务模型，辅助决策工作。这样的工作目前称之为大数据。

1.2 大数据

在大数据之前，信息技术和信息产业已经发展了几十年，为什么不叫"大信息"而叫"大数据"？大数据到底是什么？

1.2.1 大数据的定义

为什么不叫大信息？这是一个很难回答的问题，涉及哲学和语言学，超出了我们的能力。我们只能朴素地做一些解释，"CPI 为 6.9"是数据，如果你读懂了，你就获得信息"经济处在高通胀状态"，如果没有读懂，就没有获得信息。就是说数据是放在那里的，对于读懂的人来说，数据就是信息，对于没有读懂的人来说，只是数据不是信息。又如，随意键入一串字符"82 化吖或 7 辅鄂 9 羡日 2"就没有信息，但它是数据。另外，信息的大小还难以衡量，但数据的大小可以衡量。所以现在讲大数据而不是大信息，是指数据规模确实很大，但并不意味着信息很多（或很大），有些非常大的数据集可能没有什么信息。所谓大数据"低价值密度"的特点也是说明这一点。例如，我们用一台监控设备对着墙不停地录像，就会形成大量的数据，但没有什么用。

1) 一些关于大数据的定义

什么是大数据呢？大数据的概念目前还没有一个统一的定义，从现状来看，2013 年 5 月召开的第 462 次香山科学会议（http：//www.xssc.ac.cn/ConfRead.aspx? ItemID＝2168）"数据科学与大数据的科学原理与发展前景"给出的定义是比较完善的。会议给出了技术型和非技术型两个定义：

（1）技术型定义 大数据是来源多样、类型多样、大而复杂、具有潜在价值，但难以在期望时间内处理和分析的数据集。

（2）非技术型定义　大数据是数字化生存时代的新型战略资源，是驱动创新的重要因素，正在改变人类的生产和生活方式。

其他有代表性的定义是维基百科的定义和以字母 V 为特征表述的定义。用几个 V 来表述大数据影响广大，从最初的 3 个 V 到现在的 6 个 V，但最流行的表达是 4 个 V[4]。

（1）维基百科的定义　大数据是一个复杂而庞大的数据集，以至于很难用现有的数据库管理系统和其他数据处理技术来采集、存储、查找、共享、传送、分析和可视化。

（2）4V 定义　大数据为具有 4V 特征的数据集。4V 特征是指：

① 价值（Value），数据价值巨大但价值密度低；

② 时效（Velocity），数据处理分析要在希望的时间内完成；

③ 多样（Variety），数据来源和形式都是多样的；

④ 大量（Volume），就目前技术而言，数据量要达到 PB 级别以上。

2）关于 4V 表述的讨论

大数据的 4V 说是影响最广泛的，但在具体理解和具体问题面前，也引起了很多争论。例如，常常会争论一个数据集是不是大数据？即够不够大，是否达到了 PB 级别。显然这只是问题的表面。问题的核心是：一个数据集有没有价值？值不值得去挖掘？能不能够挖掘出价值？能不能够在希望的时间内挖掘出价值？因此，价值和时效是大数据的核心内涵，是必需的。

（1）关于价值　如果一个数据集没有价值，就不需要关注；如果一个数据集的价值密度高，即大部分数据都是有价值的，直接读取数据集就能获得价值，这样的数据集即使数据量再大，使用时也没有技术难度。正是因为价值巨大但价值密度低，像大海捞针，所以大数据挖掘是一个很难的技术挑战。

（2）关于时效　所有的大数据处理和分析都应该在期望的时间做完，如果过了期望的时间，就没有意义了，这也是一个技术问题。从理论上讲，在摩尔定律的作用下，随着计算机本身的发展，这个问题可以自然解决。

这样，所谓大数据，其实只有两个 V（价值 Value 和时效 Velocity）。给定一个大数据，当没有技术能够在期望的时间内挖掘其价值，那么大数据是一个技术挑战，否则就是一个大数据应用。需要注意的是，一个大数据应用可能会转化成大数据的技术挑战。例如，无人驾驶汽车在道路上行驶时，会获取汽车自身的工作数据（行驶速度、油量、引擎工作状态等）、实时路况数据、交通控制数据（信号灯、限速等），并分析这些数据，快速做出驾驶判断。假设汽车百公里刹车距离为 45 m，那么当汽车时速小于 60 km/h 时，发现 50 m 外车道上有行人后，经过 2 s 的数据分析（相当于反应时间）得出需要刹车的结论是可以接受的，但当车速提高到 100 km/h 时，数据分析的时间就得小于 0.18 s。

3）大数据定义

大数据是指难以用现有的技术在期望的时间处理、管理和分析的数据集，包含三个含义：数据、技术和应用。其中，数据是指数据量巨大（当前的水平应该达到 PB 级别）、来源多样和类型多样的数据集;技术是指新型的数据管理和分析技术;应用是指在期望的时间内用数据技术来分析数据集所形成的价值——决策依据。

1.2.2 大数据概念分析

大数据首先是一个技术术语,来自技术领域,或者更准确一点是来自 IT 领域。自从 1997 年,Michael Cox 和 David Ellsworth[5] 提出"大数据"一词以来,在名词的发展过程中,始终提及的大数据问题是指"现有技术所不能处理的数据集",即大数据是一个技术问题。自从 2012 年 3 月美国政府发布《大数据研究和发展倡议》[6] 后,大数据一词开始在非技术领域使用,很快成为一个非技术的术语,一个流行词,一个热词。其主要表述为,大数据是决策方式的变革,决策依靠数据分析而不是直觉或经验。与传统方式完全不同,大数据决策方式是"知其然而不知其所以然"。需要注意的是,美国政府发布《大数据研究和发展倡议》的目标是利用大数据加速科学和工程领域的创新速度和水平,增强国家安全力量,改变国民教育方式和学习方式,提升国家竞争力。另外还有几本大数据书籍(包括维克多·迈尔·舍恩伯格《大数据时代》[7] 和涂子沛的《大数据:正在到来的革命》[8])在中国出现了热销局面。这些让中国政府、企业家们知道了大数据,其主要的内涵是"大数据改变了一切,是一次大变革"。

显然,技术和非技术领域的大数据的矛盾是显而易见的。在技术领域里大数据是当前技术所不能解决的问题;而在非技术领域中,却有大量关于大数据成功应用的案例。实际情况是:随着数据的增长和技术的进步,人类的能力在提高。持续进步的技术使人们能够获得越来越多、越来越复杂的数据并能够分析这些数据,为管理决策所用,从而提升管理决策的能力、效率和水平。另一方面,数据的增长又给数据存储、管理、分析带来了挑战,在很多场合,当前的技术不能在期望的时间内管理和分析对应的数据,这是因为技术进步的速度远低于数据增长的速度,这将导致大数据的技术问题越来越严重。

事实上,大数据是数据、技术和应用三者的统一体(见图 1-1),对应有三类人群:有大数据的人群、做大数据的人群和用大数据的人群。很多时候大家在谈论大数据的时候实际上是在谈论不同的东西,即有大数据的人谈数据量的大小,做大数据的人谈论大数据带来的技术变革,用大数据的人则谈论大数据带来的决策变革。但不管怎样,三个方面的人都很兴奋,其原因是,数据方面发现数据很有价值,是资源、资产,是"黄金"、"石油",所以更加

用大数据	应用	应用实现价值	有新方法了
做大数据	技术	技术发现价值	有事做了
有大数据	数据	数据隐含价值	有钱了

图 1-1 大数据的内涵

珍惜数据资源,不再考虑将数据拿出来共享;技术方面发现有很多技术问题等待解决,有很多事情做;应用方面发现了新的方法,而且是革命性的方法,所以对大数据抱有很大期望。数据隐含价值,技术发现价值,应用实现价值,这是大数据系统。

1.2.3 大数据的用途

从古到今,在竞争和战争中取胜的重要因素是比对手知道更多,比对手更快地做出正确的决定,比对手更好地制定战略等。计算机出现之前的决策是人工方式:依靠的是手工收集和分析情报,依靠经验和直觉决策;后来有了计算机决策支持系统(Decision Support System,DSS);再后来有商业智能(Business Intelligence,BI),这个时候就可以利用自身积累的数据来开展决策。然而,自身的数据积累是一个漫长、费钱和困难的工作,只有大型企业和政府有能力这样做。

随着技术进步和互联网的普及,不论是政府、组织、企业,还是个人都越来越有能力获得决策需要的各种数据。这些数据类型多样来源多样,甚至超过早期大型企业自身的积累,并且数据分析技术也取得了长足进步,人们可以通过分析这些数据来得到决策依据。这样,一种新型的决策方式就产生了,这就是大数据决策。大数据决策主要体现在"通过分析不同企业或不同领域的各种可能的数据来支持决策活动"。由于大数据过于庞大和复杂,难以弄清数据之间的关系,所以,基于大数据的管理决策活动常常表现出"知其然就可以做出决策,而可以不知其所以然",这也是重大的决策变革。不论是政府、组织、企业,还是个人都应该高度重视大数据带来的决策方式的重大变革。

麻省理工学院(MIT)斯隆管理学院(Sloan School)的经济学教授埃里克·布吕诺尔夫松(Erik Brynjolfsson)指出,在商业及其他领域中,决策行为将越来越多地基于数据和分析而做出,而非基于经验和直觉。他研究发现那些采用"数据驱动型决策"(Data-Driven Decision)模式的公司其生产力会因此决策方式提高 5%~6%,这种生产力的提高是很难解释其真正的原因[9]。有很多证据表明,数据至上的思考方式将带来很高的回报。另一个著名的例子是迈克尔·刘易斯(Michael Lewis)在他的《金球》(Moneyball)[10]一书中,记录了低预算的奥克兰运动家棒球队是如何利用数据分析技术来找到被低估价值的(undervalued)棒球手,该故事还被拍成了电影。沃尔玛等零售商也已经开始对销售额、商品定价等数据,以及经济、人口统计和天气环境等数据进行分析,借此在特定的连锁店中选择合适的上架产品,并基于这些分析来判定商品降价的时机。事实上我们经常听到的"尿布和啤酒"的故事,就是基于数据分析获得利益的典型案例,这个故事就发生在 20 世纪 90年代的沃尔玛。UPS 等货运公司也正在对卡车交货时间和交通模式等相关数据进行分析,以此对其运输路线进行微调。在美国,纽约市警方部门也正在对历史上逮捕的罪犯、发工资日、体育等重大活动、天气和节假日等变量进行综合分析,从而试图对最可能发生罪案的热点地区做出预测,并预先在这些地区部署警力。美剧《纸牌屋》(House of Cards)的东家 Netflix 并不是一家电视台,是北美最大的付费订阅视频网站。基于其3 000 万北美用户观看视频时留下的行为数据,预测出凯文·史派西、大卫·芬奇和"BBC 出品"三种元素结合在一起的电视剧产品将会大火特火,于是翻拍《纸牌屋》获得巨大成功。

1.3 大数据时代

大数据的时代的标志是做任何事情都将通过数据分析来获得决策依据。各行各业各领域、个人机构组织都在用大数据。

1.3.1 大数据的发展概况

"大数据"一词最早于 1997 年由 Michael Cox 和 David Ellsworth 提出,他们指出不能在内存处理的数据集问题为大数据问题[5],2001 年 Dwinnell 发表了题为"大数据处理工具:建模和分析"的论文[11];2008 年著名刊物《NATURE》发表一个大数据专辑[12],引起了学术界的重视。

如今,大数据热潮席卷学术界、政界和企业界。

1) 国外

自 2011 年起,世界上一些国家政府发布战略计划或报告看好大数据的发展前景。达沃斯论坛、联合国、麦肯锡、IDC、盖特纳等机构和组织也纷纷发表报告看好大数据。2012 年 2 月瑞士达沃斯世界经济论坛,大数据是讨论的主题之一。这个论坛上发布的一份题为《大数据,大影响》(Big Data,Big Impact)的报告宣称,数据已经成为一种新的经济资产类别,就像货币或黄金一样[13]。福布斯(Forbes)直接指出,"(2012 年)这一年最热的技术趋势当属大数据"[14]。2012 年 3 月 29 日,美国政府发布了《大数据研究和发展倡议》[6],旨在提升利用大量复杂数据集合获取知识和洞见的能力,并将为此投入超过两亿美元的研发资金,项目涉及国土安全、能源、医疗卫生和疾病防控、食品药品监管、国家档案管理、航空航天、生物信息和生物工程、人口和社会科学研究等多个领域。2012 年 4 月 22 日至 28 日,英国、美国、德国、芬兰和澳大利亚等国家联合推出"世界大数据周"(Big Data Week)活动,旨在制定战略性的大数据措施。2012 年 7 月,日本重启了"新 ICT(Information Communication Technology)战略研究"计划,大数据是其关注重点之一。国际数据公司(International Data Company,IDC)在 2012 年 12 月的报告中预测,大数据市场年复合增长率达 31.7%,是整个信息通信技术市场增长率的 7 倍。2013 年 5 月,澳大利亚政府发布了《澳大利亚大数据战略》。2013 年 9 月美国国家标准技术研究所提出了《大数据参考架构》报告。2013 年 11 月 12 日,美国政府发布了第二轮大数据研究项目。2014 年 5 月,美国白宫发布了 2014 年全球

"大数据"白皮书的研究报告《大数据：抓住机遇、守护价值》[14]，鼓励使用数据以推动社会进步。

此外，美国、印度、新加坡等国家已经开展储备数据工作，并通过统一数据门户网站进行开放共享。美国，数据门户 data. gov 在 2014 年 1 月全面改版，截至 2014 年 2 月 10 日，网站上共开放了 88 137 个数据集，349 个应用程序，140 个移动应用，参与的部门达到 175 个。韩国《智慧首尔 2015 计划》认为公共数据已成为具有社会和经济价值的重要国家资产。建设"首尔开放数据广场"，为民众提供十大类的公共数据服务，包括育儿服务、公共交通路线、巴士到站时间、停车位、各地区天气预报等涵盖生活方方面面的信息。新加坡，采用统一数据门户网站(data. gov. sg)，截至 2014 年 2 月 10 日，门户网站上开放了 68 个部门 8 733 个数据集，实现了全国范围内的数据整合。另外，新加坡将数据人才的引进确立为 2014 年度国家人才战略。

在工业界，数据资源型企业 Google、Facebook、Twitter 是大数据的先行者和获益者，数据技术型企业 Teradata、SAS、Hyperion(ORACLE)、BO(SAP)、Cognos、SPSS(IBM) 等得以蓬勃发展。数据市场的形成促使 ORACLE、IBM、Microsoft、SYBASE、EMC、Intel 等传统 IT 企业纷纷介入大数据。Google 公司的无人驾驶汽车、广告和推荐，苹果公司的 siri 等，都是大数据应用的成功典范。斯坦福大学助理教授贾斯汀·格里莫(Justin Grimmer) 将数据与政治科学联系起来，借助对博客文章、国会演讲和新闻稿的计算机自动分析，研究政治观点是如何传播的。摄影创作人里克·斯莫兰(Rick Smolan)推出了一个名为"大数据的人类脸孔"(The Human Face of Big Data)项目，通过在全世界范围内收集项目参与者实时上传的数据，以图片和小故事的形式(实时地)告诉人们，什么是他们所"看见"的大数据，并告诉用户他们的"数据分身"——世界上某一处跟他们属性接近的人。

2) 国内

在国家层面，2014 年"大数据"首次写入国家《政府工作报告》。国家发改委、国家自然基金委、科技部将都将大数据列入了 2013 年、2014 年度项目指南。其中，2014 年度"863 计划"多个方向将大数据列入指南；2014 年 7 月自然科学基金委与广东商讨共建"大数据科学研究中心"；2014 年 8 月，科技部基础司组织召开"大数据科学问题研讨会"；九三学社中央 2014 年也就"大数据助力政府管理与运用"作专项调研。

在省市层面，2012 年广东省启动了《广东省实施大数据战略工作方案》，并于 2014 年 2 月 26 日，印发了《广东省经济和信息化委员会主要职责内设机构和人员编制规定》，成立广东省大数据管理局；上海市科学技术委员会于 2012 年布局的"医疗大数据"和"交通大数据"两个项目是国内最早的政府研发项目，上海市于 2013 年 7 月发布了《上海推进大数据研究与发展三年行动计划》；重庆市于 2013 年 8 月发布了《重庆市大数据行动计划》；天津市于 2013 年 9 月发布《滨海新区大数据产业发展行动方案》；2014 年 2 月，贵州印发《关于加快大数据产业发展应用若干政策的意见》，开始聚焦大数据。

在学术界和工业界，大数据战略报告、会议论坛、专家委员会、联盟、产业基金如雨后春笋般出现。中国通信学会于 2012 年 10 月 8 日成立大数据专家委员会；中国计算机学会于 2012 年 10 月 19 日成立大数据专家委员会。北京开始打造全球大数据创新中心。2014 年 2 月 12 日，北京中关村管委会出台《加快培育大数据产业集群推动产业转型升级的意见》，到 2016 年，中关村要形成大数据完整产业链和产业集群，培育 500 家大数据企业和一批领军企业，建成 10 个以上行业大数据应用平台，带动产业规模将超过 1 万亿元；2014 年 3 月，深圳云基地揭牌，定位以大数据产业为核心，建立中国南部的大数据、云计算产业高地，成为全球领先的立足于中国的大数据产业的企业聚集基地；2014 年 3 月，武汉市拟在东湖高新区武汉未来科技城共建"光谷云村"，打造云计算、大数据产业领域完整生态环境。

1.3.2 数据增长提升人类能力

随着数据的增长，人类的能力在提高。如今可以通过卫星、遥感等手段，来监测和研究全球气候的变化，提高气象预报的准确性和长期预报的能力。通过对政治经济灾害事件、媒体/论坛评论数据和股票、外汇等金融历史数据整合分析，发现全球市场波动规律，进而捕捉到稍纵即逝的获利机会。在医疗健康领域，汇总就诊记录、住院病案、医嘱、处方、检验检查报告等医疗数据、各类光学检查的影像数据、医学文献、互联网相关信息等，可以实现疑难疾病的早期诊断、预防和发现，以及提供有效治疗方案，监测不良药物反应事件，对医学诊断有效性进行评估和度量，防范医疗保险欺诈与滥用监测，为公共卫生决策提供支持。通过大数据技术、网络技术、开发技术和终端技术，形成智慧医疗、智慧交通、智慧金融、智慧家居等服务，构建智慧城市，实现智慧生活。

人类已经进入了大数据时代，大数据时代的主要特征是数据驱动。行政管理、科学研究、生产活动、商务活动、社会活动、医疗、娱乐等都是（或将是）数据驱动的。公共政策制定、交通流量预测、医疗健康服务、公共安全检测、金融市场联动分析、用户行为分析、精准广告投放等都需要大数据。各学科和各领域的人，聚集在一起讨论大数据，这正是大数据带来的大影响和大改变。

大数据表现为数据的交叉、方法的交叉、知识的交叉、领域的交叉，从而产生新的科学研究方法、新的管理决策方法、新的经济增长方式、新的社会发展方式等。这是大数据的魅力所在，也是大数据带来大变革的本质，更是大数据热潮之根源。相当多的领域开始用数据来解决问题，尤其是在管理决策领域，引起政府和公众的广泛关注。

管理决策辅助技术经历了决策支持系统、商业智能系统，基本思想是通过分析本企业或本领域自身积累的结构化数据来支持决策活动。当前，大数据正在改变人类决策行为和决策方式。这种改变主要体现在"通过分析不同企业或不同领域的各种可能的结构化或非结构化数据来支持决策活动"。由于大数据过于庞大和复杂，难以弄清数据之间的因果，所以，基于的大数据的管理决策活动常常表现出"知其然就可以做出决策，而可以不知其所以然"，这是重大的决策变革。

基于大数据的决策的特征包括这些：① 跨领域、跨行业；② 用尽可能多的数据；③ 应用到了以前没有涉及的很多领域；④ "知其然就可以做出决策，而可以不知其所以然"。

在大数据时代，如果之前没有用数据做决策，那么现在开始可以用数据做决策；如果之前只是用自己的数据做决策，那么现在开始可以加入其他可能的数据做决策；如果之前已经这么做了，那么现在开始可以用数据做更多的事情。

1.3.3 大数据大变革

不论是政府、组织、企业，还是个人，决策是其最重要也是最频繁的活动。人类一直在追求科学的决策方法，以获得好的决策效果。大数据时代，大数据会在科学研究、社会发展、国家管理和数据军事等方面最先迎来机遇和挑战。

1) 科学研究：基于数据密集型的新模式

进入大数据时代，科学研究将面临一种新研究模式的突破，即数据密集型研究模式，也称为科学发现的第四范式(The Fourth Paradigm)[16]。科学研究经历了从实验科学、理论科学到计算科学的发展过程。随着实验和(模拟)计算所产生的大量数据，由软件处理这些数据，并从中发现信息或知识，而人们只需从计算机中查找这些信息或知识。这就是新型的科研模式——数据科学。随着实验设备和技术的不断发展，目前在天文、地理、气象、量子物理、生物、医学等学科领域，都已经遇到了大数据的挑战，例如最新的第二代基因测序仪器一次可以产生数百兆字节的基因片段数据。例如，欧洲粒子物理研究所(CERN)的大型强子对撞机(the Large Hadron Collider, LHC)于 2008 年第一次投入使用时，实验过程中每秒发生上亿次的亚原子级(subatomic)碰撞，每年产生的数据超过 15 PB*[17]。为此 CERN 不得不专门构建了一个计算网格(Computing Grid)保存和处理这些数据，该计算网络由来自包括中国在内的 33 个国家和地区的 140 个计算中心组成。LHC 项目的首席科学家 Jos Engelen 称其为"过去 5 年来在大规模数据计算领域'悄无声息的革命'的成果"。在人类社会活动中，随着计算机以及移动设备的广泛使用，也会产生大量数据。

2) 社会发展：智慧城市带来工作生活的便利

如今，城市生活已经离不开计算机和网络，人们的一举一动无时无刻不在产生数据，人们被笼罩在大数据中，最典型的莫过于可以通过手机和基站之间的交互数据来定位人的行踪。通过电子地图和导航软件，可以获得行车路线，并实时查看路况，避开交通拥堵。利用微信、微博等应用，可以和亲朋好友时刻保持联络。

大数据也在保护着人民生活的正常秩序。曾有报道，在某深夜入室盗窃系列案的侦查过程中，警方通过分析大量手机基站数据，并利用 GIS 系统发现嫌疑犯的行踪，并最终将其

---

* 注：原文为 15 million Gigabytes，应为 15 PB。

逮捕。利用数据分析技术,通过对网络数据、移动通信数据等进行分析从而破获案件的例子还有很多,其中不乏大案要案。此外,在交通管理、揭露谣言等方面,大数据也在扮演着越来越重要的角色,成为一种新的有效技术手段。

在灾害救援方面,2010 年海地地震中,有研究者通过跟踪灾区当地近 190 万个活跃的手机 SIM 卡进行分析,预测出在太子港(Port-au-Prince)地区大约有 63 万人在地震当天离开太子港后就再也没回去过——这意味着他们很可能在震中失去了自己的住所。这些数据为政府的救援工作提供了重要信息。

3) 国家管理:基于网络空间的现代国家管理发展战略

国家管理仅内政就涉及政治、经济、社会、科技、思想、教育、文化、资源、环保等很多方面,若算上外交等,将涉及更多方面。要实现国家管理社会化,显然离不开各方面的数据,而且必须将各方面数据综合分析评判,才能真正做出科学决策。

目前,移动通信和互联网已经成为人们日常生活必不可少的工具之一。人们在通过这些技术相互沟通、获取信息的同时,也在或多或少地参与到社会管理中。如今,政务微博在"网民问政"和"政府施政"之间已搭起桥梁,成为信息交流、提供服务的重要平台。《2012 年新浪政务微博报告》显示,截至 2012 年 10 月 31 日,新浪微博认证的政务微博帐号总数突破 6 万,发布的微博总数超了 3 180 万条。其中既包括"@国务院公报"这样国家层面的微博,也包括外交部、公安部、卫生部、铁道部、商务部、文化部等在内的 20 个国家部委及下属部门,还包括 22 个省级政府微博。《2012 年腾讯政务微博报告》显示,截至 2012 年 11 月 11 日,腾讯微博认证的政务微博帐号总数超过 7 万,发布的微博数量达到了 2 200 万条以上,听众总量达到 6 亿多,去掉重复帐号后,依然超过 1.9 亿人。政务微博已经在信息发布、收集社情民意、排忧解难甚至是业务办理等方面起着不可或缺的作用。此外,大量通过微博首先暴露出来的贪污腐败案件,也使得互联网(尤其是微博)成为有利的监督工具,并使得公安和纪检部门的查证工作更加精准和高效。

4) 数据军事:网络空间竞争之必需

后斯诺登时代,大数据在国家安全方面的应用受到了重视。掌握大数据实际上就是掌握军事情报。在战争中也往往是情报掌握得越多的那一方,最终取胜的可能性就越大。例如二战中盟军破译了德军的密码,重创了德国海军,打通了大西洋通道,从而为赢得欧洲大陆的全面胜利打下基础。如今,虽然世界范围内的战争发生的可能性不是很大,但地区局部冲突依然时有发生。在战争不可避免的情况下,交战双方尤为注重对信息的收集和分析。尤其是现代战争中,计算机作战指挥网络发挥着极为重要的作用,指挥人员需要根据时刻变化的各种数据快速地做出正确判断,下达命令,因此大数据在其中必然有用武之地。各个国家也纷纷成立了"网络部队",研究如何在网络空间中进行防卫和攻击。事实上,早在 1991 年第一次海湾战争中,以美国为首的联合国部队就成功地将一个计算机病毒植入伊拉克军事计算机系统中,在空袭前对伊拉克的防空系统进行了破坏。

1.4 数据科学与技术

大数据是当前网络空间数据资源及其开发利用的一种表现。人们认识到了数据是一种重要的资源,价值巨大,但在开发利用数据资源的过程中遇到了技术问题,需要研究新技术和新方法。大数据一方面影响着学术界、政界和企业,影响着几乎所有的领域;另一方面也使得科学家们关注对数据现象和规律的研究,数据科学出现了快速发展的态势,数据科学相关的研究机构、研究项目、大学课程、学术会议陆续出现,数据科学家开始出现在领先的企业和大学。

1.4.1 数据科学的定义

数据界的形成产生了新的研究对象和新的科学问题。新的研究对象是数据,尤其是非现实数据;新的科学问题是关于数据界的,例如"数据界有多大?"之类的问题就不是自然科学和社会科学所研究的问题,需要新的科学。

数据科学为研究数据界的科学或关于数据的科学,其基本思想是"从数据中获取知识"。由于数据界中的有一部分数据是表示现实事物的,所以从这些数据中获取的知识被用于自然科学和社会科学的研究,另外是研究数据本身。

1) 数据科学

数据科学是关于数据的科学或研究数据的科学,是研究数据界的理论、方法和技术。主要有两部分组成:一是研究数据本身的规律和现象,探索数据界,解决关于数据界的科学问题。这部分研究工作并不考虑数据的现实含义。二是研究数据表示的现实含义的现象和规律,即通过研究数据来研究现实世界。

人们对数据的研究已经有一段时间了,也开发了数据挖掘这样的数据技术。但是,作为一门新的科学,数据科学研究需要建立观测数据、度量数据等基础方法,需要进一步发展数据技术来获取数据、分析数据、展现数据等。

2) 关于"数据科学"术语

"数据科学"并非一个新出现的术语。早在1966年,计算机先驱奖和图灵奖获得者Peter Naur建议将"计算机科学"称为"数据科学"(当时使用的是"Datalogy"一词),即"研究数据使用和本质的科学(the science of the nature and use of data)"[3];1990年,CODATA将数据科学描述为处理科学数据的科学,并于2002年将其创办的期刊命名为《Data Science Journal》[19];1996年,Chikio Hayashi将数据科学描述为数据统计、数据挖掘和相关方法的综合[20];2001年,William S. Cleveland提出了数据科学的行动计划,其所定义的数据科学是统计学的扩展,包含利用数据的计算[21];2009 年,朱扬勇和熊赟将数据科学描述为研究网络空间中数据的现象和规律的科学[1, 2];2010 年,Mike Loukides 将数据科学描述为数据的应用,其目标是从数据中提取出意义(信息和知识)和创造数据产品[22];2013 年,Dhar 定义数据科学为关于从数据中抽取知识的研究[23];维基百科认为数据科学结合不同元素,并建立在不同领域的技术和理论之上,这些领域包括数学、统计、数据工程、模式识别和学习、高级计算等,使所有可用的数据和相关的数据便于非专业人士理解其阐述的内容是数据科学的目标。

归纳来说,数据科学在科学数据处理领域、计算机科学领域、统计学领域等都已经提出了相关的概念和观点。

(1) 科学数据处理领域的观点 科学研究需要处理的数据越来越大,许多学科利用数据技术处理本领域的科学数据,形成专门的科学数据处理领域。之后,科学家发现在科学数据上也可以做科学研究,于是,形成了各种信息学,例如生物信息学、神经信息学、地理信息学等。以生物信息学为例,今天的生物学很多进展归功于生物数据的分析,因为生物信息学节省了大量实验时间和成本,提高了效率。尤其是有一些重要的发现仅仅来自生物数据,例如鸟枪 DNA 测序 shutgun method。这些信息学所用的数据技术主要是数据获取、数据存储与管理、数据整合、数据挖掘等。同时,结合领域知识不断发展新技术,例如领域驱动的数据挖掘(Domain-Driven Data Mining)。CODATA 就是这样一个科学数据研究领域的代表性组织,1990 年,CODATA 将这样的工作统称为"数据科学"。CODATA 将数据科学作为通过管理和利用科学数据指导科学研究的方法和技术,其主要目的是为科学研究提供数据并为科学数据计算发展数据分析算法、软件和工具。这与美国国家科学理事会在《长生命周期的数字数据集合:支持 21 世纪的研究与教育》中的观点是一致的。从科学数据处理领域这个角度,数据主要是指在科学研究尤其是自然科学研究中生成和使用的数据,数据科学更强调管理、处理和利用科学数据。

(2) 计算机科学领域的观点 Peter Naur 建议计算机科学应该被称为"Datalogy",然而,当时的目标是为了替代计算机科学[18]。本质上,计算机科学主要是用计算机语言为现实建立模型,将现实世界的东西包括人类的行为存储到计算机系统中。因此,从计算机科学领域看,数据科学主要是研究如何用数据表示/建模现实世界,如何计算、管理和利用这些数据,如何使用计算机发展数据技术等。这些都属于数据科学的部分。

(3) 统计学领域的观点 统计学的任务是如何有效地抽样收集、整理和分析数据,探索数据表现出来的自然和人类行为的规律性,对所观察的现象做出推断或预测。统计学领域也认为统计学是研究数据的科学,这和数据科学有类似之处,这也是为什么有一些数据科学或数据挖掘的研究机构和课程是依托在统计学系的原因。统计学领域认为数据科学是对统计学的提升,传统的数据分析是基于概率论的统计分析,数据科学的数据分析是利用数据的计算,目标也从推断和预测进一步扩大为从数据中提取出价值。

1.4.2 数据科学的发展状况

大数据时代,数据科学引起了广泛关注,研究机构、学术会议快速出现[24]。2013 年有 10 多个数据科学国际学术会议召开;数据科学研究机构在 2013 年达到数十家。EMC 的 CMO Jeremy Burton 在 2012 年 5 月更是直接阐述了"IT 将转向数据科学"观点。值得关注的是香山科学会议已主办了四期有关数据科学的会议(第 278 次、第 424 次、第 445 次和第 462 次)。

1) 研究机构

CODATA 是最早从事数据科学研究机构,于 1966 年由 ICSU(International Council for Science)建立,致力于推动与科学数据的采集、管理、共享和分析利用有关的数据技术的研究和发展。在美国,2012 年 10 月哥伦比亚大学成立"数据科学和工程研究院"(idse. columbia. edu),下设数据科学基础研究、网络安全、健康分析、财经分析、新媒体和智慧城市六个研究中心;2013 年 3 月纽约大学成立"数据科学中心"(cds. nyu. edu),研究方向包括生物学、计算机视觉、机器学习等,旨在创立领先的数据科学培训和研究设施;华盛顿大学成立"数据科学中心"(cwds. uw. edu);伦斯勒理工学院(Rensselaer Polytechnic Institute, RPI)成立"数据科学研究中心"(www. dsrc. rpi. edu)。在澳大利亚,2008 年悉尼科技大学将原有的"知识发现实验室"更名为"数据科学和知识发现实验室"(www. uts. edu. au/research-and-teaching/our-research/quantum-computation-and-intelligent-systems / data-sciences-and)。在日本,大阪大学(Osaka University)和庆应义塾大学(Keio University)在数学系成立"数据科学研究组"(www. stat. math. keio. ac. jp),北海道大学(Hokkaido University)和名古屋大学(Nagoya University)在信息工程系成立"数据科学实验室"(dsms. iic. hokudai. ac. jp)和"数据科学实验组"(www. i. is. nagoya-u. ac. jp)。在韩国,釜山国立大学(Pusan National University)统计系成立"数据科学实验室"(stat. pusan. ac. kr)。在欧洲,英国伦敦成立了欧洲数据科学组织(datasciencelondon. org);邓迪大学(University of Dundee)成立"数据科学中心",(blog. dundee. ac. uk/datascience)从商业智能出发并利用大数据来推动商业智能研究。帝国理工大学成立数据科学研究院(www3. imperial. ac. uk/data-science)。

我国许多高校和科研院所相继成立了数据科学研究机构。2007 年复旦大学成立"数据科学研究中心"(www. dataology. fudan. edu. cn),2013 年 9 月,在此基础上,成立了"上海市数据科学重点实验室"(www. datascience. cn),这是目前国内第一个省部级的数据科学研究机构;中国科学院有"虚拟经济和数据科学研究中心"(www. feds. ac. cn)、"随机复杂结构与数据科学重点实验室"(www. amt. ac. cn/lab_rcsd)和"网络数据科学与工程研究中心"(www. ict. ac. cn/jgsz/kyxt/wlzdsys/);2012 年 9 月,北京航空航天大学计算机学院成立"大数据科学与工程国际研究中心"(rcbd. buaa. edu. cn);2012 年,西安交通大学管理学院成立"数据科学与信息质量研究中心"(som. xjtu. edu. cn/DSIQ/);2013 年 9 月,华东师范大学"数据科学与工程研究院"成立(dase. ecnu. edu. cn);2014 年 4 月,清华大学成立清华—青鸟"数据科学研究院"[25]。

2) 学术期刊和会议

2008 年《Nature》出版了一辑专刊"Big Data"[12],2011 年《Science》也出版了一辑专刊"Dealing with Data"[26],这两辑专刊中的论文都是集中在数据及基于数据的科学研究。第一份专门以"数据科学"命名的网络期刊是 CODATA 于 2002 年出版的《Data Science Journal》(www. datasciencejournal. org)。之后,《Journal of Data Science》(www. jdsruc. org)、《EPJ Data Science》(www. epjdatascience. com)等期刊也相继出版,这些期刊逐步成为数据科学家和各领域专家的交流平台。2009 年出版的《数据学》(《Dataology and Data Science》)是数据科学的第一本专著[2],对数据科学进行了系统化的探讨和描述。在学术会议方面,2006 年,第 278 次香山会议认为数据相关研究问题应被进一步发展为数据科学(www. xssc. ac. cn/ReadBrief. aspx? ItemID=287);2010 年以来,数据科学国际会议数量快速增加。国内,复旦大学是数据科学研究的领先者,2010 年至 2013 年连续四年主办了 International Workshop on Dataology and Data Science (iwdds. fudan. edu. cn)。2012 年,第 424 次香山科学会议"网络数据科学与工程"在北京举行(www. xssc. ac. cn/ReadBrief. aspx? ItemID=940);2012 年,第 445 次香山科学会议"数据密集时代的科研信息化"在北京举行(www. xssc. ac. cn/ReadBrief. aspx? ItemID=991);2013 年,第 462 次香山科学会议"数据科学与大数据的科学原理与发展前景"在北京举行(www. xssc. ac. cn/ReadBrief. aspx? ItemID=1060)。2011 年以来,多个数据科学国际会议在世界各国召开,例如,EMC 主办的 Data Scientist Summit (www. datascientistsummit. com),O'REILLY、EMC、Microsoft 等联合主办的 O'REILLY Strata Conference (strataconf. com),印度 Cochin University of Science and Technology 主办的 International Conference on Data Science and Engineering(icdse. cusat. ac. in)等。

1.4.3　大数据的工作步骤

用大数据来解决一个问题大致分成以下六个步骤。

(1) 分析问题　分析问题有两个目的:一是为了获得数据需求,即需要用哪些数据? 这些数据从哪里来? 是否能够获得足够用于本问题的数据? 二是为了选择数据分析软件或设计分析算法,同样的问题,如果收集到的数据不同,那么分析软件或分析算法一般也不相同。

(2) 收集并管理数据　根据数据需求收集足够多的相关的数据,建立一个大数据资源库。因为一般情况下数据量都是巨大的,所以需要准备好大容量的存储设备。

(3) 选择或设计软件　根据问题分析的结论,如果采用选择现有的软件,那么就要将数据进行整理,使其符合数据分析软件(或算法)需要的格式;如果采用设计数据分析软件(或算法),那么就设计开发软件(算法)使其能够分析获得的数据。

(4) 运行软件 运行数据分析软件获得运行结果,由于大数据分析的结果一般都很复杂,有些是数据的推演,因此将这些数据结果"让眼睛看得清楚"是一个重要的步骤,称为将数据可视化。

(5) 人工理解并决策 最终是人根据数据分析的结果来做出决策,所以需要有人工理解软件分析所产生结果,然后做出决策。

(6) 评估调整 评估决策效果,形成新的需求,重复上述过程。

1.4.4 大数据技术

大数据技术一般包括:数据获取、数据存储与管理、数据分析、数据应用。这些技术都和传统的技术不同(见表 1-1)。

表 1-1 传统数据技术和大数据技术的差异

	传统(信息化)	大数据(数据利用)	解 释
数据获取	从传感器、摄像头等数字化设备获得数据;从键盘、光盘、扫描仪等计算机 O/I 设备获得数据	从数据源(新浪微博、校内网、科学实验室、政府等平台)获得数据,通过下载、爬虫、分发等技术手段获得或购买数据	数据获取存在两个问题:第一个是获取的合法性问题,即是否有权利获取想要的数据;第二个是获取数据的权属问题,即是否有权使用获取的数据
数据存储	需要开发各种存储技术,包括存储设备、DBMS 等各种通用的存储技术	数据已经存在某个地方,不存在能不能存的问题。主要技术是融合整合各种来源的数据,使各种来源的数据能够一起用于数据分析	传统方法是:自己的数据自己存,存自己的数据。大数据方法常常需要获取别人的数据用于分析
数据分析	单类型、单来源;内存分析	多类型、多来源;常常涉及外存分析且要求速度快	大数据多类型多来源给数据挖掘算法设计带来挑战;大数据量又常常造成数据不能全部放入内存,从而对数据分析速度带来挑战
数据应用	存储管理"信息化所生产的数据",为信息化服务	开发利用"网络空间中数据",为决策服务	传统做法是将现实的东西以数据形式存放;大数据的做法是将数据转化为决策依据,为现实服务

1.5 大数据应用

长期以来,国民经济与社会信息化工作所用的技术是信息技术,由此而形成的产业成为信息产业。在大数据时代,数据作为一种像石油煤炭那样的资源,其开发利用将形成一个产业,这和信息产业不同,是新的产业。

1.5.1 数据权属

数据资源开发利用首先要解决数据资源的权属问题[27],即数据属于谁?这是一个法律问题,关于数据财产,目前法律上存在空白,套用目前的物权法或著作权法等相关法律可能都有些问题。所以,这里只讨论数据权益归属的合理性问题。

因为数据不是天然存在的,所以"数据应该属于数据的生产者"的说法比较合情合理。但是,很多时候数据拥有者很难主张权利,这需要将来制定相应的法律来解决。面临的问题主要有两个:当数据生产者是多个时如何界定;当生产的数据涉及秘密和隐私时如何界定。

(1)数据有多个生产者 这是最常见的数据生产形式。例如,电子商务网站的购物行为数据是由购物者、电商、第三方支付等共同生产的;银行的数据也是客户、银行、可能还有商家等共同生产的;电信的数据是由通信用户和电信运营商等共同生产的;医院的数据是由病人、医生和医院等共同生产的。这些数据的权属应该属于所有的数据生产者,在法律空白的情况下,可以协商解决数据资源所有权转移或者数据资源开发所形成的利益分配问题。值得注意的事情是个人的微博数据,微博数据现在几乎已经作为个人资产来看待了,这样微博运营商就不能占有和使用微博数据。

(2)数据涉密或涉及隐私 就需要法律界来界定了。例如,病历数据是病人和医生及医院共同生产的,医院使用病历数据就会遇到麻烦,这里还不是数据权益的主张问题,而是涉及病人的隐私问题;照片的权益属于拍照片的摄影师,但拍到人物时有肖像权问题,如果拍到国家机密(如军事设施),问题更严重。现实中,隐私和机密是由法律保护的,但又不能说病历数据的生产是违法的。而有一些数据,当数据量达到了一定量级后可能会成为国家秘密,例如个人身份证数据,单个或者小量没有问题,但全国的个人身份证数据收集在一起,就会成为国家秘密。因此,一般来讲,数据应该属于数据的生产者,但涉及秘密和隐私时除外。

一旦数据权属问题得以解决后,数据共享和使用、数据资源管理与存放的问题就会迎刃而解。

1.5.2 数据共享和使用

在现实中,物品使用是需要交换的[27]。数据共享之所以被屡屡提及是因为数据天生具备了共享的特性:"数据给了别人自己仍然有完整的一份。"在计算机数据库管理系统中,数据共享是一个基本技术要求,但并不涉及商务问题;在科学研究领域,由于利用了国家科研经费,所有要求科学数据共享,为全人类发展服务,也没有涉及商务问题。但是,在大数据时代,数据的资源性和价值被商业化,数据共享就越来越难。事实上,数据已经被看成是黄金、石油等,那么数据拥有者就不再愿意拿出来共享了,所以"数据不共享是发展趋势"。

在数据权属清晰的情况下,可以通过买卖交换数据而不是共享(当然,数据拥有者愿意共享除外)。在确定数据权益的前提下,数据的运用就是有偿使用,花钱买数据。法律需要界定数据的权益,政府界定数据的类型(哪些是隐私,哪些涉及国家安全)等。这样数据的流通就有法可依。在现阶段,国家应从国家安全的角度高度关注数据资源的安全。而作为个人,要明白"有行动就可能会产生数据",所以当有些行为涉及隐私时,需要谨慎,就像大家都不会到处说"我家有多少钱"一样。

从更大的范围来讲,公共网络中公开的数据应该属于全人类,任何人都有权获取使用、加工销售,从而获得其利益。这样能够更大程度地发挥数据资源的作用,让数据给人类的生活生产带来更多的便利,对人类社会的进步有重要的意义。

1.5.3 数据存放与管理

当前,大部分数据是存放在各种平台上的。例如,大家的微博、微信并没有存在自己的计算机中,而是存放在运营商的平台上;购物、消费、酒店、旅行、看病等数据也是存在各种平台上。现在的问题是,这些数据我们是否有权利并有能力转移、删除或进行其他操作?例如,去某个网站删除个人信息,通常是做不到的。在数据权属清晰的情况下,"我的数据我做主"就可以实现。

数据由数据权益所有人自己管理,他可以委托机构来管理。个人都有自己的 WORD 文档、PPT 文档,还有数码相机拍的照片,这些数据显然都是个人自己管理的,可将这些数据放在自己的电脑中,还可备份在移动硬盘中。但是,还面临着以下两个问题。

(1) 共同生产的数据应该由谁来管理 在电子商务中,个人购物数据显然是由电商管理的,个人没有办法删除购物记录;而在微博平台中,个人是能够删除自己的微博的;对于银行的数据,则需保存很多年而不允许修改和删除。对于这些情况,签署数据托管协议应该是好的办法,对于类似于电子病历这样的数据尤其如此。

(2) 数据界应该由谁来管理 数据是资源和资产的理念已经获得广泛认同,在这种情况下,数据界中的数据资源将是未来军事之必争。网络军队将划定本国的数据边界,国土资源部将管理本国的数据资源,就像土地和石油一样。在军队没有划定数据边界之前,公共网络上公开的数据应该像太空一样属于全人类,而不属于任何国家。

1.5.4 数据产业

数据产业是网络空间数据资源开发利用所形成的产业[3],其产业链主要包括:从网络空间获取数据并进行整合、加工,数据产品传播、流通和交易,相关的法律和其他咨询服务。数据产业与信息产业的最大区别在于:信息产业主要是指信息化,是国民经济与社会信息化过程中形成的产业,从技术效果上看,信息化是将现实世界中的事物以数据的形式存储到网络空间中,即信息化是一个生产数据的过程;而数据产业是对信息化生产的数据进行收集整合、开发利用而形成的产业。数据产业和信息产业的区别如图1-2所示。

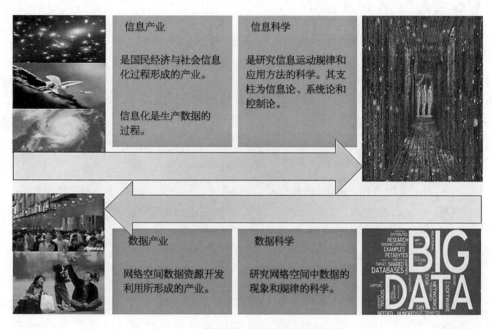

图1-2　数据产业和信息产业的区别

数据产业涵盖了数字出版与文化业、电子图书馆和情报业、多媒体产业、数字内容业、数据服务业和信息咨询业、领域数据资源开发服务业(政务、商务、科学、社会、金融、经济、地理等)。

数据产业是信息产业的升级。信息产业是信息化过程形成的产业,其本质是将现实的事物"信息化"到网络空间形成数据,即信息化是生产数据的过程;而数据产业是对数据资源开发利用形成的产业。信息产业注重基础设施建设,数据产业注重数据资源开发利用。从信息产业到数据产业,即从基础设施和设备投资转向对数据资源的投资,从现实事物的信息化转向数据资源的开发利用。当前,大数据已经成为牵引计算机网络、物联网、移动互联网、云计算等技术进步的主要需求,例如,面向大数据的云计算是当前云计算的最新发展。

数据产业具有第一产业的资源性、第二产业的加工性和第三产业的服务性的特征,是一种新型产业形态。目前,国内已经有一些地方开始发展数据产业。2013年4月,"深圳大数据产学研联盟"成立;2013年6月,"农业大数据产业技术创新战略联盟"在山东省成立;2013年7月,"上海市大数据产业技术创新战略联盟"成立;2013年9月,"浙江省大数据应用技术产业联盟"正式成立;2013年12月,"厦门大数据联盟"成立。在建数据产业园区有上海智慧岛数据产业园、秦皇岛开发区数据产业基地、北京国家地理信息科技产业园、中国国际电子商务中心重庆数据产业园、西安大数据产业园、天津滨海新区大数据产业园等。

1.6 大数据人才培养

2012年,麦肯锡预测在未来6年,仅在美国本土就可能面临缺乏14万~19万具备深入分析数据能力人才的情况,同时具备通过分析大数据并为企业做出有效决策的数据管理人员和分析师也有150万人的缺口。而在中国,人才缺口更为严重。从这个视角来看,大数据对人才的要求更高了。

数据科学家的培养也开始进入领先的企业和大学。例如,在Facebook、Google、IBM、Yahoo、LinkedIn等企业中开始设立数据科学家岗位;美国伯克利大学、香港中文大学、复旦大学等开设了数据科学课程,并将于2015年招收数据科学专业研究生。

1.6.1 数据科学家

大数据人才,尤其是大数据分析人才,通常称为数据科学家。Facebook、Google、EMC、IBM等企业设置了数据科学家岗位,哈佛商业评论甚至认为数据科学家是21世纪最性感的职业。大数据时代,最性感的职业是数据科学家,而不是大数据工程师,也不是大数据分析师。为什么是数据科学家呢?

目前,被称为数据科学家的有三类人:

(1) 从事商业数据分析的人 近年来,Amazon,Google等互联网公司设立了数据科学家岗位或建立数据科学家团队,这些数据科学家们研究分析商业数据,从商业数据中获取决策依据,为管理决策提供服务。很多具体实例工作看上去类似之前的商业智能。

(2) 在数据上做科学研究的人 以CODATA组织为代表的一大批科学家从事科学数据分析工作。例如,NuMedii公司的研究人员从2 500多种卵巢癌样本的基因表达数据中预测现有药物是否能够治疗卵巢癌[28]。又如,哈佛大学数学家E. L. Aiden和J. B. Michel通过Google的Ngrams研究美国历史[29]。他们用Ngrams查了两个词组:"United States are"和"United States is"的使用词频。内战前,二者词频相近;战后,后者远高于前者。可以清楚看到,美国内战前后公众对美国作为一个统一国家的认同程度。这些科学家通过研究数据来支持各自的领域科学研究工作,即目前大家称为的数据密集型科研,或科学研究的第四范式。

(3) 研究数据的人 这些科学家主要来自统计学、数据挖掘、机器学习等领域,他们研究通用的数据算法和技术,以实现"从数据中获取知识"。其中,有一部分科学家开始研究数据自身发展变化的规律。由于数据界中的有一部分数据是表示现实事物的,所以从这些数据中获取的知识被用于自然科学和社会科学的研究,还有一部分数据不表示任何现实的事物,对这些数据的研究工作与自然科学、社会科学无关。

　　显然,上面第(2)和第(3)类人本身就是科学家,因从事数据研究工作,而称为数据科学家是很自然的。然而,第(1)类人是在企业做商业数据分析的,为什么也称为数据科学家呢?

　　先来看看第(1)类人是如何在网站平台实施精准广告投放。精准广告投放的问题是:当一个用户登录到网站时,需要在 1 s 之内将最适合他的广告弹出到页面的某个广告窗口上。首先,需要用聚类分析算法,将网站的用户分成若干群体,同时将不同的广告和不同的人群对应;其次,当一个用户登录到网站时,需要用分类分析判断这个用户属于哪个群体,然后推出相应的广告,这个过程要求在 1 s 之内完成。

　　在精准广告投放的实施过程中,用户聚类是核心。聚类是将相似的用户放到同一个群体,不相似的放到不同群体,但用户之间的相似性却是一个非常复杂问题。例如,可以根据年龄将用户分成不同群体,也可以根据居住地将用户分成不同群体,显然这样的群体分类对于广告投放而言并不太合适。从广告的目的来看,是希望将具有相同购物行为的用户放在同一个群体。例如用户甲经常购买商品 A、B、C、D、E、F,用户乙经常购买商品 A、B、C、D、X、Y、Z,用户丙经常购买 U、V、W、X、Y、Z。这样就希望将用户甲和用户乙放在同一群体,将用户乙和用户丙放在同一群体,于是就会将用户甲和用户丙这两个完全不像的用户放到了同一群体。显然这也是有些问题。

　　如何将用户分成一些群体,没有统一标准和方法,也很难预见具体实施效果。用户分群不是一个工程性工作,需要个人做出创造性的工作,和科学家的工作性质一样。因此,把第(1)类从事商业数据分析工作的人也称为数据科学家。

1.6.2　数据科学家培养

　　大数据人才培养主要指数据科学家培养,其专业设置为数据科学专业。中国香港中文大学从 2008 年起设立"数据科学商业统计"科学硕士学位(www. sta. cuhk. edu. hk/Dept/PostG/postg. htm);复旦大学从 2007 年起开设数据科学讨论班,2010 年开始招收数据科学研究方向博士研究生,并从 2013 年起开设研究生课程《数据科学》,从 2015 年起招收数据科学专业博士研究生、科学硕士研究生和专业硕士研究生(www. gsao. fudan. edu. cn);哥伦比亚大学从 2014 年起设立硕士学位,2015 年起设立博士学位;纽约大学将从 2013 年秋季起设立"数据科学"硕士学位(gsas. nyu. edu/object/grad. scholarly. masters);南加州大学设立"数据科学"硕士学位(gapp. usc. edu/graduate-programs/masters/computer-science/data-science);英国的邓迪大学从 2013 年起设立"数据科学"科学硕士学位(www.

computing. dundee. ac. uk/study/courses/16）。

加州大学伯克利分校从 2011 年起开设《数据科学导论》课程（bcourses. berkeley. edu/courses/1267848），并从 2012 年起开设《数据科学和分析》课程；伊利诺伊大学香槟分校从 2007 年起举办"数据科学暑期研究班"（mias. illinois. edu/DSSI2007）；哥伦比亚大学从 2011 年起开设《数据科学导论》课程，2013 年起开设《应用数据科学》课程，并将从 2013 年秋季起开设"数据科学专业成就认证"培训项目；芝加哥大学开设 3 个月的夏季培训课程（www. ci. uchicago. edu/blog/summer-data-science-fellowship）；华盛顿大学从 2013 年 5 月起开设《数据科学导论》课程，并对修满数据科学相关课程学分的学生颁发数据科学证书；雪城大学也提供数据科学高级研究证书培训项目（coursecatalog. syr. edu/2012/programs/data_science）；复旦大学于 2014 年开始设置"数据科学家训练营"培训项目（www. datascience. fudan. edu. cn/tc201407. jsp）。

1.7　小结

经过 2012—2013 年关于大数据概念和应用的培育、示范、普及，如今大数据已经家喻户晓，大家认识到了大数据带来的革命性影响，感受到了大数据时代的魅力，数据资源作为重要的资源获得广泛认可，各行各业都在开始尝试应用大数据。

进入 2014 年，大数据领域里最重要的工作将是收集、积累数据资源，使得数据资源在解决实际问题的时候"可用、够用、好用"。由于"数据引力效应"已经形成，"服务换数据"已经成为一种主流商业模式，这有利于创造出更多更好的服务，有利于社会发展。"数据引力效应"指数据领域存在的"数据越多，服务越好；服务越好，数据越多"这样一种数据越来越集中的现象。

现在很难预测大数据未来的发展。已经看到情况是，大数据迅速渗透到各个领域，加快了数据科学的发展。一个新兴战略性产业——数据产业，正展现出她的魅力。

◇参◇考◇文◇献◇

[1]　ZHU Y Y, ZHONG N, XIONG Y. Data Explosion, Data Nature and Dataology [C]. Proceedings of International Conference on Brain Informatics. Beijing, China：Springer, 2009：147 - 158.

［2］ 朱扬勇,熊赟. 数据学[M]. 上海：复旦大学出版社,2009.

［3］ 朱扬勇. 数据科学与数据产业[J]. 科技促进发展,2014.

［4］ 凌晓峰. KDD'12 大数据篇：专题讨论会（Panel）[J/OL]. 中国计算机学会技术动态,2012,429(72). http：//www. ccf. org. cn/sites/ccf/weekly/zhuanti/dashuju/KDD20124-dashujupian1-Panel. pdf.

［5］ COX M, ELLSWORTH D. Application-Controlled Demand Paging for Out-of-Core Visualizetion [C]//Proceedings of the 8th conference on Visualization'97. IEEE Computer Society Press，1997：235 – 244.

［6］ Big Data Research and Development Initiative [EB/OL]. The White House, (2012 – 03 – 29) [2013 – 01 – 27]. http：//www. whitehouse. gov/sites/default/files/microsites/ostp/big ＿ data ＿ press ＿ release ＿ final_2. pdf.

［7］ MAYER-SCHONBERGER V, CUKIERK. 大数据时代：生活、工作与思维的大变革[M]. 周涛,盛杨燕,译. 杭州：浙江人民出版社,2012.

［8］ 涂子沛. 大数据：正在到来的革命[M]. 桂林：广西师范大学出版社,2012.

［9］ BRYNJOLFSSON E. Big Data：A Revolution in Decision-Making Improves Productivity [EB/OL]. MIT Sloan School of Management （2012 – 02 – 15）. http：//mitsloanexperts. mit. edu/erik-brynjolfsson-on-big-data-a-revolution-in-decision-making-improves-productivity/.

［10］ LEWIS M. Moneyball：The Art of Winning an Unfair Game[M]. WW Norton ＆ Company，2004.

［11］ DWINNELL W. Tools that Deal with Big Data：Modeling and Analysis-Will Dwinnell Demonstrates How a Corporation's Ability to Analyze and Model Large Aata Sets Crucial to a Corporations Success[J]. PC AI, 2001, 15(5)：42 – 44.

［12］ Big data. Nature[J/OL]. Nature. 2008，445. http：//www. nature. com/news/specials/bigdata/index. html.

［13］ Big Data，Big Impact：New Possibilities for International Development ［EB/OL］. The World Economic Forum（2012 – 01 – 22）［2013 – 01 – 26］. http：//www. weforum. org/reports/big-data-big-impact-new-possibilities-international-development.

［14］ PETERS B. Do You Really Want to Get Aboard the Big Data Train? ［EB/OL］. Forbes. （2012 – 09 – 06）［2013 – 01 – 27］. http：//www. forbes. com/sites/bradpeters/2012/09/06/133/.

［15］ Executive Office of the President. BIG DATA：SEIZING OPPORTUNITIES, PRESERVING VALUES[EB/OL]. White House （2014 – 05 – 01）. http：//www. whitehouse. gov/sites/default/files/docs/big_data_privacy_report_may_1_2014. pdf.

［16］ HEY T，TANSLEY S，TOLLE K. The Fourth Paradigm：Data-Intensive Scientific Discovery ［M/OL］. Microsoft Research Redmond WA，2009. http：//research. microsoft. com/en-us/UM/redmond/about/collaboration/fourthparadigm/4th_PARADIGM_BOOK_complete_HR. pdf.

［17］ Let the Number-Crunching Begin：the Worldwide LHC Computing Grid Celebrates First Data[EB/OL]. CERN （European Organization for Nuclear Research） Press Office （2008 – 10 – 03）. http：//press. web. cern. ch/press-releases/2008/10/let-number-crunching-begin-worldwide-lhc-computing-grid-celebrates-first-data.

［18］　NAUR P. The Science of Datalogy［J］. Communications of the ACM，1966，9(7)：485.

［19］　SMITH F J. Data Science as an Academic Discipline［J］. Data Science Journal，2006，5（0）：163－164.

［20］　HAYASHI C. What is Data Science? Fundamental Concepts and a Heuristic Example［M］. Data Science，Classification，and Related Methods. Springer Japan，1998：40－51.

［21］　CLEVELAND W S. Data Science：an Action Plan for Expanding the Technical Areas of the Field of Statistics［J］. International Statistical Review，2001，69(1)：21－26.

［22］　LOUKIDES M. What is data science? ［R/OL］. O'Reilly Media，Inc.，(2010－06－02). http：// radar. oreilly. com/2010/06/what-is-data-science. html.

［23］　DHAR V. Data Science and Prediction［J］. Communications of the ACM，2013，56(12)：64－73.

［24］　ZHU Y Y，XIONG Y. Dataology and Data Science：Up to Now［EB/OL］. Sciencepaper Online (2011－06－16). http：//www. paper. edu. cn/ en_releasepaper/content/4432156.

［25］　刘蔚如，林苍. 清华成立数据科学研究院启动大数据人才培养［EB/OL］. 清华大学新闻网(2014－ 04－28). http：//news. tsinghua. edu. cn/publish/news/4204/2014/20140428105411586441197/ 20140428105411586441197_. html.

［26］　Dealing with Data［J/OL］. Science，2011，331(6018). http：//www. sciencemag. org/site/special/ data/.

［27］　"数据治理"，如何打造升级版［N］. 人民日报，2013－07－09.

［28］　MAY M. Life Science Technologies：Big Biological Impacts from Big Data［J］. Science，2014，344 (6189)：1298－1300.

［29］　AIDEN E，MICHEL J B. Uncharted：Big Data as a Lens on Human Culture［M］. Penguin，2013.

第 2 章

解读汇计划

2013 年 7 月 12 日,上海市科学技术委员会(以下简称"上海市科委")正式颁布《上海推进大数据研究与发展三年行动计划》(2013—2015 年)(以下简称"汇计划")[1]。汇计划的编制历时近一年时间,内容涉及大数据研究与发展各方面。本章对汇计划进行解读。

2.1　汇计划的产生

在国家和上海市"十二五"科技发展规划及《上海市中长期科学与技术发展规划纲要》指导下,上海市科委通过近一年时间的充分调研和讨论,梳理了市场和商业模式创新需求、大数据资源和技术基础、研发能力和人才现状等。经过充分酝酿、多次征求意见,编制了汇计划。

2.1.1　编制背景

自从 2012 年 3 月美国政府颁布《大数据研究和发展倡议》后,世界各国把研究和发展大数据视作重要的国家战略,学术界、企业界也纷纷投入到大数据研究中,各地兴起一股建设数据产业园区的浪潮,一时间"大数据"成为社会热点,科技新宠。大数据描绘了一幅美好的景象,能为经济和社会发展带来了巨大的变革,为人民生活带来巨大的改变。

上海市科学技术委员会敏锐地洞察到了大数据的发展前景,认识到数据技术将成为未来的发展趋势。2012 年上半年,时任上海市科学技术委员会副主任的陈鸣波指示:在大数据研究方面,上海有很好的产业基础和数据积累,要尽快开展大数据理论和关键技术的研究,落实大数据实际应用研发,培育数据产业,将大数据服务"创新驱动,转型发展"落到实处。要结合国家和上海市"十二五"科技发展规划,尽快研究制定上海推进大数据研究的计划,花三年左右的时间,布局上海大数据产业,在优势行业培育一批龙头企业,引领全国大数据的发展。

2.1.2　指导思想

上海大数据研究与发展将紧紧围绕上海"创新驱动、转型发展"主线,抢占科技战略制高点,强化前沿理论研究,突破大数据关键技术,建立以企业为主体、产学研联合的发展机制,形成需求牵引、创新应用的发展模式,发展数据产业,服务智慧城市。

汇计划明确指出上海推进大数据的研究与发展,必须要有创新,要从理论研究、关键技术突破、应用服务研发等方面并进,以企业为主体,强化产学研联合,发展数据产业,服务智慧城市。

2.1.3　编制过程

从 2012 年 8 月开始,上海市科委组织专家梳理上海的优势产业,对 90 多家上海知名的大数据企业、行业领军企业、高校和研究院所进行调研。截至 2012 年年底,通过 40 余次走访、汇报交流和技术专题研讨等方式,在与企业家、专家学者的互动交流中,大致摸清了上海数据资源、技术和人才状况,基本确立上海发展大数据要从基础理论、关键技术和产品装备、应用示范、人才培养等几个方面齐头并进。通过跟踪国际上大数据发展的重点领域,从 20 个国民经济行业分类[2]中,挑选上海有数据积累基础、信息化普及程度高、有迫切需求且有落脚点的若干行业,适当合并形成 12 个上海大数据研究和发展重点推进方向,即医疗卫生、食品安全、终身教育、智慧交通、公共安全、科技服务、金融证券、互联网、数字生活、公共设施、制造业和电力,并进行了一轮更为详细地、有针对性地调研工作。2013 年 4 月,在新一轮调研的基础上,三年行动计划确立了围绕"发展数据产业、服务智慧城市"这一核心目标,从"数据"、"技术"、"人才"三个角度并进,一手抓"技术攻关和产品研制",一手抓"应用推进和模式创新",全方位推进上海市大数据研究与发展。上海市科委提议,一个目标、三个角度、两个重点任务,恰好构成"汇"字结构(见图 2-1),又暗合通过推进大数据的研究与发展,汇聚数据、汇合技术、汇集人才,形成需求牵引、创新应用的发展模式,推动数据产业发展,服务智慧城市建设,故称《上海推进大数据研究与发展三年行动计划》为"汇计划"。随后编写小组又经过两个多月的大幅修改和完善,于 2012 年 7 月 10 日形成最终稿,并于 2012 年 7 月 12 日正式颁布。

图 2-1　"汇"的概括

2.1.4　"汇"的寓意

"汇计划"寓意"汇数据、汇技术、汇人才",和"数据'汇'聚、百川入'海'"的文化内涵。

汇计划围绕技术攻关和产品研制、应用示范和模式创新两大重点任务展开,具体目标包括:具有自主知识产权、达到国际领先水平的若干大数据硬件装备;一批具有产业核心竞争力的大数据软件产品;6 个以上行业大数据公共服务平台、6 类以上大数据商业应用系统的研制,培育一批带动本地数据产业发展的行业龙头企业;培养和引进千名高端数据人才。

汇计划发展目标既追求先进性又落到实处,重点任务既有理论研究又不乏应用试点,保障措施既包括实体体系建设又包括政策规范研究,为全方位推进上海大数据研究与发展指明了方向。

2.1.5 汇计划的构成

"汇计划"全文 7 500 余字,除前言外共分六章,分别为:一、国内外发展现状;二、上海基础分析;三、指导思想与发展目标;四、重点任务;五、保障措施;六、推进机制。整个计划先阐述了国内外在大数据领域研究和发展现状,然后分析上海在大数据研究与发展的基础,通过分析国内外发展现状和上海的基础,确定上海推进大数据研究与发展的指导思想和发展目标,确定重点任务,并从保障措施和推进机制两方面设计保证整个行动计划能够在三年顺利实施,达到预定目标。

2.2 研究现状与基础分析

2.2.1 汇计划的大数据定义

"汇计划"是围绕如何推进上海大数据研究与发展而制定的行动计划。考虑到阅读汇计划的人未必熟知信息技术领域的专业术语,未必了解什么是大数据,因此在汇计划开篇先用简短通俗的语言介绍了什么是大数据:

维基百科把大数据定义为一个大而复杂的、难以用现有数据库管理工具处理的数据集。广义上,大数据有三层内涵:一是数据量巨大、来源多样和类型多样的数据集;二是新型的数据处理和分析技术;三是运用数据分析形成价值。大数据对科学研究、经济建设、社会发展和文化生活等各个领域正在产生革命性的影响。

汇计划关于大数据的定义结合了维基百科定义、香山科学会议定义和编写组的研究成果。编写组认真研究了维基百科的"Big Data"词条[3]、4V 特征来描述的大数据、第 462 次香山科学会议关于大数据的定义等,最终形成了上述定义。

提起大数据,通常会提到"4V 特征",即数据量(Volume)巨大,数据类型多样(Variety),价值(Value)巨大但价值密度低,时效性(Velocity)强。但采用 4V 特征作为大数据的定义有两个明显缺陷：一是"4V"只是描述大数据所具有的特征，并非是大数据的定义，没有回答清楚究竟什么是大数据；二是最初的大数据特征只是3V，后来增加了Value特征，发展成了4V。现在已经有部分企业基于4V特征拓展出了所谓的"6V特征"，即增加了真实准确性（Veracity）、数据获取与发送方式自由灵活（Vender）。可见"4V"将不会是唯一描述大数据特征的方法，因此作为大数据概念的定义，存在不准确、不确定的问题。

考虑到单纯用"4V特征"定义大数据的缺陷，汇计划结合了维基百科的"Big Data"词条[3]和第462次香山科学会议"数据科学与大数据的科学原理与发展前景"的定义[4]，对大数据的内涵和作用简单扼要地解释，最终形成汇计划中对大数据的定义文字。这一定义具有概念定义的形式要素，有明确的内涵和外延，符合大数据研究的实际情况，易于理解。

2.2.2 国内外发展现状

"国内外发展现状"整体分为两部分，即国外的大数据发展现状和国内的大数据发展现状。编写小组查阅了大量文献，并通过走访部分知名企业和研究机构，归纳总结了国内外在大数据研发方面的现状。考虑到整个汇计划的篇幅有限，国内外发展现状也不是整个行动计划的核心内容，故该部分文字较简练，仅罗列了一些有代表性或是国际前沿的且与培育数据产业直接相关的国内外情况。

国外大数据发展现状部分，首先列举了美国、日本、英国等国家的大数据战略，阐明了世界各主要国家对大数据研究的高度重视，并纷纷部署了相应的工作重点。接着列举了知名的跨国IT企业在大数据领域的行动，从中可以看出大数据不仅是国家层面的战略，同时也是这些知名跨国IT企业纷纷抢占的市场，蕴含了非常巨大的商业价值。再接着阐述了大数据技术的发展过程，以及截至2013年上半年汇计划成稿之时的大数据管理、分析等技术的现状和趋势。最后从科学研究领域对数据科学、数据科学家人才培养等现状进行了梳理。通过这些内容，勾勒出大数据技术、应用、人才等方面的总体概况。

国内大数据发展现状部分，首先列举了2012年以来我国政府和主要科研机构在大数据研发方面已经采取的行动，显示出我国在大数据研究和发展方面起步并不晚。随后从产业链的角度分析了国内已经出现的涉足数据产业的主要企业。最后从产业生态的角度罗列了国内数据产业园区的建设布局。通过这些内容，勾勒出大数据以及数据产业在我国的发展概况。

2.2.3 上海基础分析

"上海基础分析"分为优势和不足两大部分，通过对各个行业的企业进行大量调研后，从宏观上归纳总结出三个主要方面的优势和不足。

（1）数据资源方面 上海的整体信息化水平排在全国前列，经过多年的发展，在各行各业都积累了大量的数据。在调研过程中,编写小组了解到许多企业已经积累了大量的数据,例如医疗、交通、金融等领域。各个行业的数据积累意识也较强,调研所涉及的 19 个国民经济行业分类(即 GB/T 4754 - 2011 所列 20 个行业分类中除国际组织外的其他所有行业)的代表企业不仅每天产生大量业务数据,还建立了历史数据保存机制,形成了众多的数据资源。但另一方面,各企业共享数据的意识还不够强,有时候受限于政策、企业利益、成本、技术等因素,也不愿意共享数据。数据资源拥有单位公开和共享动力不足,使得跨行业数据汇聚整合变得困难,想要汇聚其他行业数据的企业甚至面临愿意出钱购买都买不到所要数据的尴尬情况。

(2) 研究能力方面　编写小组在调研中发现上海在基础理论研究方面,研究实力雄厚,拥有一批高校和科研院所,研究能力全国名列前茅;在产业技术研究和推进方面,有一批面向产业的研究机构和企业研发中心,具备良好的基础积累。但是在大数据的实际应用研发中,又显现出关键技术储备不足的问题,缺少有创新性、通用的自主研发产品,缺少系统级、架构级的大数据产品。

(3) 数据产业方面　编写小组通过调研和归纳,发现上海的数据产业轮廓已经初现,有一批专门从事数据资源整合、数据技术开发、数据应用服务的企业,已经成为或正在成为推动上海数据产业发展的中坚力量。同时也发现虽然产业轮廓初现,但产业链尚未形成,企业的数据业务往往涉及从数据采集整合到技术开发、应用服务的整个过程,鲜有专门从事某个环节业务的企业。而且数据产业的盈利模式和服务方式等尚不明晰,还没有出现真正能够带动数据产业发展的数据产业龙头企业。

2.3　计划目标与实现机制

2.3.1　计划目标

汇计划用一句话说明了制定该行动计划的目的,即汇计划的制定是"为加快上海大数据研究和产业化布局,培育数据产业,服务智慧城市,促进经济结构调整和产业转型",凸显了汇计划将推动上海大数据朝着培育数据产业、服务智慧城市,以及产业创新与调整的方向发展,推进工作应从技术攻关、应用推进、模式创新等方面切入。

汇计划提出了三年行动的整体目标:凝聚上海大数据领域优势力量,研究大数据基础理论,攻克关键技术,研制大数据核心装备,形成大数据领域的核心竞争力,加速大数据资源的开发利用,推进行业应用,培育数据技术链、产业链、价值链,支撑智慧城市建设。

汇计划具体目标包括:

(1) 研究数据科学基础理论,突破大数据共性关键技术,研制具有自主知识产权的若干大数据硬件装备，达到国际领先水平。

（2）遵循市场需求牵引、应用导向的业务发展模式，开发一批具有产业核心竞争力的大数据软件产品。

（3）突出企业创新主体地位，建设 6 个以上行业大数据公共服务平台，支持 6 类以上大数据商业应用系统的研制，培育一批带动本地数据产业发展的行业龙头企业。

（4）汇聚产业和行业创新活力，制定有利于大数据产业发展的标准、规范和政策，培养和引进千名高端数据人才。

三年行动预期产出的成果可以概括为"1166 千"：

（1）研制一批（若干）具有自主知识产权、达到国际领先水平的大数据硬件装备。

（2）开发一批具有产业核心竞争力的大数据软件产品。

（3）建设 6 个以上行业大数据公共服务平台、支持 6 类以上大数据商业应用系统的研制。

（4）培养和引进千名高端数据人才。

从具体研究目标中不难看出，上海从各个方面协力整体推动大数据的研究与发展，既有前沿理论和技术的研究，也有软硬件产品研制，还有创新应用研发，以及人才培养和制度建设等。这些推进方向在"重点任务"和"保障措施"中都有具体细化的条目与之相对应。

2.3.2　保障措施

汇计划第五章"保障措施"从四个方面保障汇计划重点任务成功完成，即创新体系建设、专业人才培养、制度法规完善和合作协同推进。通过创新体系建设，成立"上海大数据产业技术创新战略联盟"，建设"上海市数据科学重点实验室"、数据工程技术研究中心等实体机构，通过促进企业联合实体形成，产、学、研、用资源整合，加强专业人才培养和制度法规完善工作，合作协同推进，形成上海大数据的核心竞争力。

在保障措施中，市科委重点放在专业人才培养和制度法规完善上。通过人才引进、高等院校和企业合作开展专业学历教育，依托社会化教育资源开展专业培训形成人才梯队，提高大数据产业人员的整体水平。研究数据产业相关的政策法规，数据资源权益、隐私保护等方面的法规细则建议，制定大数据相关标准，在人才、财税、科技金融等方面设计发展政策，逐步建立有利于上海大数据研究与发展的制度法规体系。创新体系建设和合作协同推进措施则更多地依靠上海大数据产业技术创新战略联盟和上海市数据科学重点实验室、数据工程技术研究中心等来保障。

2.3.3　推进原则与机制

在"推进原则"中，汇计划明确提出"顶层规划、协同推进；需求牵引、创新应用；营造环境、开放融合"的原则，使得上海发展数据产业、推进大数据研究是一个整体行动，通过整体统筹,以市场需求为导向,探索创新新业态、新模式,延伸大数据技术链、服务链、价值链,营造和完善大数据技术和产业发展所需的政策环境、融资环境、创业环境,以及公共服务体系,推动大数据技术与城市经济社会各领域相关应用的深度融合。

在"推进机制"中,汇计划从四个方面确立了推进上海大数据研究与发展的进程。汇计划建立"总体规划,分步实施;签订协议,规范共享;阶段检查,综合评估;明确主体,营造氛围"的推进机制。

通过签订合作协议的形式,明确项目承担单位的责任,设定数据共享标准及保密等级,在平等互信的基础上实现数据的共享和利用。

2.4　重点任务

汇计划第四章"重点任务"将"发展目标"细化分解成两大类主线任务:技术攻关和产品研制、应用推进和模式创新。

2.4.1　技术攻关和产品研制

"技术攻关和产品研制"主线针对理论和技术研究、软硬件产品研制的目标即"具体目标"中的目标1和目标2,设立一系列的研究任务,借助上海高校和研究院所的研发力量,围绕产品装备研制需求,在突破关键技术的基础上,研制适合大数据应用的计算机硬件装备和软件产品,开展基础理论研究、关键技术突破和产品装备研制。

1) 基础理论研究

如前文所述,就目前技术而言,还无法完美解决大数据的所有问题。类似计算机硬件研发在理论上有布尔代数的支持、关系型数据库产品背后有关系代数作为基础理论支撑,以数据分析和挖掘为主要手段的大数据技术及产品,同样需要有一个完备的数据科学理论来支撑其发展。换而言之,需要研究数据科学基础理论,支撑大数据关键技术突破、产品装备研制、应用服务研发。

数据科学理论包括三大方面内容,即数据科学自身的基础理论,数据科学在实际应用中的应用理论、工程技术和方法,以及科学探索研究中的数据方法。基础理论涉及对数据内在规律的研究;应用理论、工程技术和方法涉及如何应用数据科学理论解决实践中的问题;科学探索的数据方法涉及如何运用数据方法来指导、改变自然科学、社会科学的研究方法,支撑自然科学、社会科学的研究。

汇计划中确定的数据科学基础理论研究工作主要包括:研究数据相似理论、数据测度论和计算理论,建立数据分类学基本方法,研究数据实验的基本方法,研究数据科学的学科体系,奠定数据科学的理论基础。

除了开展数据科学基础理论研究外,还需要研究大数据的复杂性,使得人们在大数据应用中,根据实际大数据的特点,选择合适的建模方法,设计合理的分析处理模型等。

汇计划中确定的数据科学应用理论、工程技术和方法研究工作主要包括:研究数据集复杂性的建模理论、处理过程复杂性的约简方法、知识体系复杂性的表示理论等,建立大数据处理、分析的过程模型。

此外,还需要探索科学研究的数据方法。数据方法是人类在科学探索过程中发展出的继实验方法、理论方法、计算方法后的新方法,也被称为科学研究的第四范式。数据方法作为新兴的研究方法尚未成熟,需要通过研究使之完善有效,并能在多个科学领域推广应用。汇计划中确定的科学研究的数据方法探索工作包括:探索数据密集型科学研究的共性问题,开展学科知识交叉与融合研究,建立科学研究的数据方法,并在基础较好的学科中开展实践。

2) 关键技术突破

针对上海大数据关键技术储备不足的问题,汇计划设置了关键技术突破任务,目的是突破或改进原有的大数据各类技术,为大数据产品研制和应用服务研发提供技术保障。

汇计划中,按照通常大数据问题解决过程中涉及的不同技术,将关键技术分为大数据获取技术、大数据管理技术、大数据分析技术和大数据安全技术四大类。

(1) 突破大数据获取技术主要解决如何能够从各种数据源获得大量数据,以及如何从原始数据中抽取所需数据、提高数据质量等问题。包括:突破分布式高速高可靠数据爬取或采集、高速数据全映像等大数据收集技术;突破高速数据解析、转换与装载等大数据整合技术;设计质量评估模型,开发数据质量技术。

(2) 突破大数据管理技术主要解决如何提供符合应用需求的大数据管理、索引、可视化等技术难题。包括:突破可靠的分布式文件系统(DFS)、能效优化的存储、计算融入存储等大数据存储技术;突破分布式非关系型大数据管理与处理技术,研究大数据建模技术;突破大数据索引技术;突破大数据移动、备份、复制等技术;开发大数据可视化技术。

(3) 突破大数据分析技术主要解决为具体产品和应用服务提供所需要的数据分析和挖掘技术,支撑产品功能和应用服务的问题。包括:改进已有数据挖掘和机器学习技术;开发数据网络挖掘、特异群组挖掘、图挖掘等新型数据挖掘技术;突破基于对象的数据连接、相似性连接等大数据融合技术;突破用户兴趣分析、网络行为分析、情感语义分析等面向领域的大数据挖掘技术。

(4) 突破大数据安全技术主要解决在使用大数据过程中如何保证机密性、完整性和可用性的问题,尤其是在大数据环境下的隐私保护问题。包括:改进数据销毁、透明加解密、分布式访问控制、数据审计等技术;突破隐私保护和推理控制、数据真伪识别和取证、数据持有完整性验证等技术。

3) 产品装备研制

在研究大数据基础理论和突破关键技术的基础上,汇计划设置了一批适合大数据应用的硬件装备和软件产品。

硬件装备方面主要包括大数据一体机、新型架构计算机。其中大数据一体机的研制内容和主要技术指标包括：集计算、存储、传输于一体的大数据硬件装备，实现大数据统一存储和索引管理、集群规模可动态扩展，实现PB级的数据存储、百亿级的记录管理、秒级的查询响应。新型架构计算机的研制内容和主要技术指标包括：基于高效能大数据处理器（Data Processing Unit,DPU）和可重构互连、可变存储结构的新型架构计算机等具有自主知识产权的硬件装备。在这些硬件之上开发与之配套的系统软件，形成先进的大数据平台。

2.4.2 应用推进和模式创新

"应用推进和模式创新"主线针对创新应用研发的目标（即目标3），以基础较好、大数据需求较迫切的企业为主体，按行业领域分类，设计了六个公共平台建设任务和六个行业应用推进任务。

1）公共平台建设

在汇计划中，"公共平台建设"是指面向民生领域，探索交互共享、一体化的平台型服务模式，建设大数据公共服务平台，促进大数据技术成果惠及民众。公共服务平台建设任务通常由事业单位或非营利机构为主承担。汇计划选取了医疗卫生、食品安全、终身教育、智慧交通、公共安全、科技服务六个具有大数据基础的领域开展大数据公共服务平台建设，服务智慧城市。

（1）医疗卫生 选择建设医疗卫生公共服务平台的原因在于医疗卫生服务的受众面广，上海已经实施的"医联工程"[5]具有较好的大数据基础，且医疗领域大数据服务的效果显示度较好等因素。

医疗卫生大数据公共服务平台的建设内容和主要指标包括：针对临床质量分析、医疗资源分配、医疗辅助决策、科研数据服务、个性化健康引导的需求，建设全民医疗健康公共服务平台。在健康信息网已有数据的基础上，汇聚整合医疗、药品、气象和社交网络等大数据资源，形成智能临床诊治模式、自助就医模式等服务模式创新，为市民、医生、政府提供医疗资源配置、流行病跟踪与分析、临床诊疗精细决策、疫情监测及处置、疾病就医导航、健康自我检查等服务。建设完善涵盖3 500万患者的电子诊疗档案库，形成PB级的医疗健康大数据资源，实现支撑2 000名医生同时在线诊疗的辅助能力。

其中，3 500万份电子诊疗档案库、PB级医疗健康大数据资源、支撑2 000名医生同时在线诊疗的辅助能力等指标是根据现有数据量和上海市医院数量、医生人数等进行合理估算得到的。

（2）食品安全 选择建设食品安全公共服务平台的原因在于食品安全问题几乎涉及所有人，一旦出现食品安全问题后果非常严重，而食品安全又牵涉到农业种养殖、加工、物流、仓储、批发零售等多个环节，大数据特征十分明显，同时在国内受到很高的关注，建成后会有很大的影响力和示范效果。

食品安全大数据公共服务平台的建设内容和主要指标包括：针对食品安全和管理的需求，建设食品安全大数据服务平台。汇聚政府各部门的食品安全监管数据、食品检验监测数据、食品生产经营企业索证索票数据、食品安全投诉举报数据，建成食品安全大数据资源库，进行食品安全预警，发现潜在的食品安全问题，促进政府部门间联合监管，为企业、第三方机构、公众提供食品安全大数据服务。

（3）终身教育　选择建设终身教育大数据公共服务平台的原因在于教育渗透在人们日常生活的各个时刻。当今社会，全民学习，活到老学到老的理念已经深入人心，MOOC等新型的学习方式悄然兴起，数据量大、数据种类多的特征十分明显。上海各类网络学院、教育服务平台拥有大量用户和学习资源，有良好的建设基础。

终身教育大数据公共服务平台的建设内容和主要指标包括：针对全民学习、终身教育的需求，建设教育大数据服务平台。积累数字教育资源，收集教育服务平台学习者行为数据和学习爱好数据，为千万级学习者提供个性化的终身在线学习服务，提高教育资源的共享和利用率，实现因材施教，优化教学过程，提高教学质量，为教育政策调整提供决策支持。建立基于大数据支撑的优质教育资源开发、积累、融合、共享的服务机制，为全体学习者提供个性化选择与推送相结合的终身学习在线服务模式。

（4）智慧交通　选择建设智慧交通大数据公共服务平台的原因在于上海的交通信息化水平据全国前列，而且上海的道路、航空、航运等客运、货运能力在国内均处领先地位。交通大数据汇聚了气象、环境、人口、土地、物联网、导航等行业的数据，涉及面广，关联性强，且交通自身产生的数据量也很巨大，大数据特征明显。此外，智慧交通是智慧城市必不可少的组成部分。

智慧交通大数据公共服务平台的建设内容和主要指标包括：针对交通规划、综合交通决策、跨部门协同管理、个性化的公众信息服务等需求，建设全方位交通大数据服务平台。整合全市道路交通、公共交通、对外交通的大数据资源，汇聚气象、环境、人口、土地等行业数据，逐步建设交通大数据库，提供道路交通状况判别及预测，辅助交通决策管理，支撑智慧出行服务，加快交通大数据服务模式创新。针对航班正常、安全、有效运行的需求，建设航空流量管理及机场协同决策平台。汇聚整合塔台数据、雷达数据、航空公司数据、机场数据，提供流量预测、特情处置等功能，实现飞行流量管理和机场航班运行协同决策，为民航航班指挥提供一站式数据服务。达到覆盖华东地区近40个机场的规模，并逐步推广到全国七大地区局。针对智能化航运业务的需求，建设航运大数据平台。汇聚整合全球港口、货物、船舶等数据，融合多源物联网、北斗导航等数据，实现航运数据共享服务，建立基于大数据的现代航运物流服务体系。

根据交通服务对象、交通形式的不同，智慧交通将建设多个大数据公共服务平台，主要包括以城市交通管理、智慧出行等服务为主的全方位交通大数据服务平台，以民航航班指挥一站式数据服务为主的航空流量管理及机场协同决策平台，以及以航运数据共享服务为主的航运大数据平台。

（5）公共安全　选择建设公共安全大数据公共服务平台的原因在于公共安全关乎于城市正常运转、民众安居乐业，意义十分重大。传统的公共安全保障依靠公安部门以及相关部门各自建设自己的信息系统，收集、分析数据，相对封闭，且存在重复建设的情况，建设"以租代建"公共安全大数据公共服务平台能够实现模式创新。此外，公共安全领域的数据多样、数据分析时效性要求强，对于预警、破案等活动，有价值的数据散布在巨量的一般数据中，具有典型的大数据特征。

公共安全大数据公共服务平台的建设内容和主要指标包括：针对公共安全领域治安防控、反恐维稳、情报研判、案情侦破等实战需求，建设基于大数据的公共安全管理和应用平台。汇聚融合涉及公共安全的人口、警情、网吧、宾馆、火车、民航、视频、人脸、指纹等海量业务数据，建设公共安全领域的大数据资源库，全面提升公共安全突发事件监测预警、快速响应和高效打击犯罪等能力。探索'以租代建'模式，依托第三方专业数据中心，实现数据内容托管、数据服务租用的现代运营模式创新。

（6）科技服务　选择建设科技服务大数据公共服务平台的原因在于科技服务本身就具有一定的创新性，通过建设科技服务大数据平台，形成跨领域的大数据服务模式，能够更好地支持其他领域的发展。

科技服务大数据公共服务平台的建设内容和主要指标包括：针对科技服务数据整合、交互式服务、发展趋势预测、战略决策支持等需求，探索科技服务链整合、众包分包、供需对接的交互式平台型服务模式，建立科技服务业资源共享体系，建设跨领域科技服务与工程创新平台。汇聚科技成果、项目、人才、服务、互联网创新创意等大数据资源，支撑研发设计、技术转移转化、创新创业、科技咨询、科技金融等方面的科技服务。打造"科联工程"，形成跨领域的大数据服务模式。

2）行业应用推进

在汇计划中，"行业应用推进"是指面向产业发展，开展大数据行业应用研发，探索"数据、平台、应用、终端"四位一体的新型商业模式，促进产业发展。通常行业应用推进任务以企业为主体，希望通过汇计划的推进，开创新型商业模式、新兴产业形态，并培育出引领行业发展的龙头企业。汇计划选取金融证券、互联网、数字生活、公共设施、制造业和电力六个具有迫切需求的行业推进行业应用，发展数据产业。

（1）金融证券　选择金融证券领域开展大数据应用研发，有利于证券公司通过大数据分析，能够更好地把握证券市场的走势，监控风险，为投资者提供个性化的金融数据服务，从而使得交易决策更加精准、智能化。金融证券的股价波动受众多因素影响，也有迹可循，因此汇聚金融证券大数据提供创新应用服务，有很大的价值，也容易形成成功的商业模式。

金融证券领域应用服务的研发内容和主要指标包括：针对金融证券领域高频算法交易、数据综合分析、违规操作监管、金融研究报告交易、金融数据服务等方面的需求，建设金融大数据分析与智能决策支持系统。汇聚融合国内外证券及相关衍生品市场的高通量交易数据，整合行业媒体实时资讯与舆情，为相关机构提供金融监管和风险管控等智能决策支持,为投资者提供金融市场数据和经济数据、投资方向等个性化的金融数据服务。

(2)互联网 选择互联网领域开展大数据应用研发,尤其是互联网营销、电子商务中的推荐等大数据应用研发,源于精准的互联网营销、推荐等服务本身就带有很强的大数据特征,需要分析与用户相关的各种来源数据,来自互联网的数据不仅量大,还包括结构化、半结构化和非结构化数据,需要运用大数据技术加以解决。

互联网领域应用服务的研发内容和主要指标包括:针对互联网领域精准营销、销售趋势预测、广告精细管理和市场决策支持等方面的需求,建设面向互联网的大数据分析和服务系统。汇聚融合门户、论坛、微博、社交网络、搜索、购物、阅读、点评等互联网数据,提供用户细分、个性化推荐、行业报告、竞争分析、商业洞察、定价策略等互联网营销服务,实现以效果计费的创新营销商业模式。系统服务覆盖100家以上电子商务企业,促进企业从传统营销向互联网营销转型。

实际上互联网领域有许多需要运用大数据技术的应用,如图片搜索、专题事件报道整合等,但考虑到汇计划应聚焦有限目标,以及上海的企业具有迫切的需求和实施能力,因此将互联网领域定位在互联网营销服务的应用创新和商业模式创新,促进传统营销的转型。

(3)数字生活 选择数字生活领域开展大数据应用研发,提供个性化、精准的衣食住行等生活互动信息,不仅能够让民众切身感受到科技进步带来的生活方式改变和生活质量提高,也能为生活服务提供企业提升服务能力,提高市场竞争能力。

数字生活领域应用服务的研发内容和主要指标包括:针对日益增长的现代化生活需求,建设数字生活大数据服务系统。收集整合流行时尚、行业发展指数、用户消费习惯、收视记录、社交媒体、地理位置等大数据,充分挖掘用户的消费习惯和兴趣偏好,提升企业辅助决策能力,形成有市场竞争力的创新商业模式,面向300万以上消费者提供个性化衣食住行等生活互动信息。

(4)公共设施 选择公共设施领域开展大数据应用研发,能够在公共设施养护、运营决策以及安全管理方面提供新手段和新模式,确保这些公共设施正常可靠地工作,为楼宇节能提供支持。

公共设施领域应用服务的研发内容和主要指标包括:针对公共设施养护、管理的需求,建设公共设施大数据服务系统。采集、整合上海各类道路、桥梁、隧道和商业楼宇的结构性能、运行状态等数据,为公共设施养护、运营决策以及安全管理提供依据,实现对公共设施的实时监测和预警,在全市的路桥隧道和商业楼宇等开展规模应用,形成公共设施运营与养护新模式。

将公共设施领域定为"行业应用推进"而不是"公共平台建设",主要是考虑到大数据服务于道路、桥梁、隧道等公共设施的养护、管理,目标用户面较狭窄;而商业楼宇的节能、运行监测等,有利于为物业公司和入住企业、商家节省运营成本,其中蕴含了商业利益,故企业投入研发的主观意愿更强,研发主体的属性与"行业应用推进"所设定的"以企业为主体"更接近。

(5)制造业 选择制造业领域开展大数据应用研发,利用将大数据技术应用到生产系统规划的评价、产品质量监测、管控和追溯等,提高传统制造业的科学管理水平,有利于制造企业创新转型。此外,大数据结合制造业,也丰富了大数据应用范围。

制造业领域应用服务的研发内容和主要指标包括：针对科学评价生产系统规划、降低产品缺陷率等需求，建立制造业大数据系统。整合已有的物理工厂、质量体系、工序数据、成本核算等建模数据，建立仿真工厂，对已有的生产实绩数据进行生产仿真，模拟工厂运行，为工厂实际建设提供决策依据。收集产品生产过程各环节的实时质量数据，实现敏捷的一体化质量监测和管控，并支持产品质量追溯，形成基于大数据的一贯过程质量控制及分析系统，并向第三方提供服务。

考虑到制造企业的规模有大有小，生产的产品五花八门，从增加的研发成本、原有管理方式的复杂程度、企业对大数据需求的迫切性等角度分析，并不是所有的制造企业都需要运用大数据、适合运用大数据。故汇计划聚焦在已经形成集团经营规模、产品属于国民经济建设不可或缺的基础性物资且年产量大，对产品质量要求较高的制造企业。

（6）电力　选择电力领域开展大数据应用研发，针对发电侧和用户侧收集各类发电、输配电、用电数据，结合相关行业数据，为提高发电效率、节能减排、科学用电提供决策支持，满足坚强智能电网建设、维护和管理需求。

电力领域应用服务的研发内容和主要指标包括：针对坚强智能电网建设、维护和管理的需求，收集发电厂实时运行数据，建立发电厂数字仿真模型，为提高生产安全性、提高发电效率（降低单位电能煤耗、厂用电指标）提供决策依据。实时收集电网电力资产状态数据，实现电力资产在线状态检测、电网运行在线监控、主动安全预警及调度维保，保障电网可靠高效运行；快速收集用电数据，为需求响应、负荷预测、调度优化、投资决策提供支持。

电力在国民经济行业分类中归属于"电力、热力、燃气及水生产和供应业"。汇计划选择电力作为该行业大数据应用服务研发的代表，主要原因有两点：一是从基础设施角度考虑，上海的热力生产和供应较薄弱，而燃气、水生产和供应以及使用过程中，数据采集不如电力便捷；二是在日常生产和生活中，单位和个人对电力的依赖性也明显强于其他能源，每年冬季、夏季电力供应面临的压力也要明显高于其他能源。

2.5　汇计划相关机构与展望

2.5.1　推进办公室

在项目实施的过程中实行专家责任制，进行阶段检查和总结，按期评估项目执行情况和追责。同时依托上海大数据产业技术创新战略联盟秘书处，设立推进办公室，推进行动计划的实施，组织沙龙、讲座、竞赛等活动，在全社会营造数据研究和开发的氛围。推进工作组织架构如图 2-2 所示。

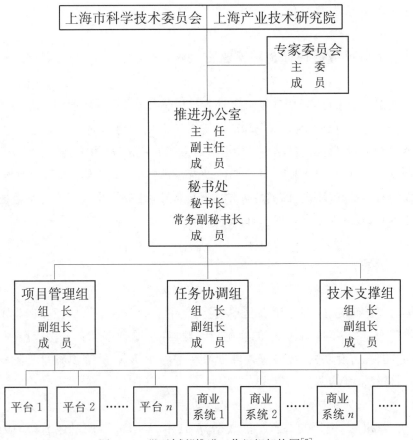

图2-2 "汇计划"推进工作组织架构图[7]

2.5.2 上海市大数据产业技术创新战略联盟

在上海市科委的指导下,上海大数据联盟由万达信息股份有限公司、上海产业技术研究院、复旦大学等18家单位共同发起,并于2013年7月12日(即"汇计划"颁布之日),在"金桥产业技术创新会议"上由上海市科委陈鸣波副主任宣布成立。上海大数据联盟汇集了一大批涉及数据产业的上海企事业单位和组织,截至2014年8月,上海大数据联盟共有85家成员单位[6]。这些成员单位中,不仅有从事各类数据应用与服务的企业,也有行业协会和专业学会、高校和研究院所、大数据技术和产品装备研发企业,更有大数据领域投资机构、产业园区、非IT领域的数据资源拥有单位,显现出强大的吸引力,勾勒出上海数据产业的良好生态。

上海大数据联盟是"汇计划"推进的重要力量,"汇计划"的推进办公室设在联盟秘书处。上海大数据联盟为大数据技术创新及产业应用合作交流搭建平台,抱团形成竞争优势,组织策划项目,向政府有关部门推荐,并共同开拓国内外市场,建立互利共赢、共同发展合作关系。上海大数据联盟通过开展沙龙、培训、竞赛等活动,在全社会营造大数据研究和应用氛围。不少活动社会反响强烈。

2.5.3　上海市数据科学重点实验室

上海市数据科学重点实验室（复旦大学）[8]（以下简称"重点实验室"）是国内数据科学领域首个政府支持的重点实验室，于 2013 年 9 月 6 日由上海市科委批准筹建，其前身是成立于 2007 年的复旦大学数据科学研究中心。重点实验室是《上海推进大数据研究与发展三年行动计划（2013—2015 年）》的一项重要建设内容，致力于掌握核心和前瞻数据技术，在智慧城市建设的科学性、战略性、前瞻性等方面发挥作用，建成数据科学人才培养基地和大数据创新示范中心，服务大数据发展。

2.5.4　展望

大数据对科学研究、经济建设、社会发展和文化生活等各个领域正在产生革命性的影响。上海希望通过"三年行动计划"的实施，让老百姓享受到个性化的医疗服务、更便利的出行、更放心的食品，互联网、金融等领域创造新型商业模式，让老百姓享受到科技带来的美好生活，促进经济结构调整和产业转型。

正如《上海推进大数据研究与发展三年行动计划》"汇"字的文化内涵和寓意，上海抱着"数据'汇'聚、百川入'海'"的心态，"汇数据、汇技术、汇人才"，诚挚地邀请国内外专家参与、支持上海大数据的发展！

◇ 参 ◇ 考 ◇ 文 ◇ 献 ◇

［1］　上海市科学技术委员会. 上海推进大数据研究与发展三年行动计划（2013—2015 年）［EB/OL］. ［2013 - 07 - 12］. http：//www. stcsm. gov. cn/gk/ghjh/333008. htm.

［2］　国家统计局. GB/T 4754 - 2011 国民经济行业分类［S］. 2011.

［3］　Wikipedia. Big Data ［EB/OL］. http：//en. wikipedia. org/wiki/Big_data.

［4］　香山科学会议. 数据科学与大数据的科学原理及发展前景——香山科学会议第 462 次学术讨论会综述 ［EB/OL］. http：//www. xssc. ac. cn/ReadBrief. aspx？ItemID＝1060.

［5］　高解春,于广军,杨佳泓,等. 上海市级医院医联工程项目的建设成效与深化前景［J］. 中国医院, 2010(10)：12 - 14.

［6］ 上海大数据产业技术创新战略联盟. 大数据联盟成员［EB/OL］.［2014-09］. http://www.shbigdata.org/all-members/.

［7］ 上海大数据产业技术创新战略联盟. 三年行动计划推进办［EB/OL］.［2014-09］. http://www.shbigdata.org/三年行动计划推进办.

［8］ 上海市数据科学重点实验室. 实验室简介［EB/OL］.［2014-10］. http://www.datascience.cn/navigator_1_1.jsp.

第3章

上海大数据产业技术
创新战略联盟

上海大数据产业技术创新战略联盟（以下简称"大数据联盟"）于 2013 年 7 月成立，由上海万达信息技术股份有限公司等企业发起，旨在建立大数据技术创新及产业应用合作交流平台，是《上海推进大数据研究与发展三年行动计划（2013—2015 年）》的一项重要建设内容。本章主要介绍大数据联盟的情况。

3.1 联盟的意义和宗旨

2013 年 7 月 12 日，首届上海"金桥产业技术创新会议"召开。在大会主题报告环节，时任上海市科学技术委员会副主任陈鸣波发布了《上海推进大数据研究与发展三年行动计划 2013—2015 年》，同时宣布"上海大数据产业技术创新战略联盟"成立。大数据联盟成立的目的是搭建大数据技术创新及产业应用合作交流平台，建立互利共赢、共同发展的合作关系，联盟将抱团形成竞争优势，组织策划项目，向政府有关部门和行业推荐，并共同开拓国内外市场。

大数据联盟旨在以大数据技术创新及产业应用为目标、促进形成若干引领大数据产业技术创新的企业联合体；以合同契约为保障有效整合产、学、研、用等各方资源，以技术创新为驱动力、市场刚性需求为推动力，发展具有自主知识产权且符合产业发展趋势的共性应用技术、行业标准和产品规范。围绕大数据技术链、产业创新链，运用市场机制集聚创新资源，实现企业、大学和研究院所等机构在战略层面的有效结合，通过资源共享、协同行动和集成发展，形成产业核心竞争力，有效提升上海大数据关键技术创新水平，做大做强大数据相关产业，服务国家和地方创新体系建设，促进经济社会发展。

3.2 联盟的发起成立

2013 年 7 月 9 日，上海产业技术研究院受上海市科学技术委员会委托，组织召开"上海大数据产业技术创新战略联盟"发起筹备会议，共同商讨联盟成立相关事宜。会上发起单位共同讨论了大数据联盟的成立背景及联盟倡议书、章程、协议的征求意见稿。

2013 年 7 月 12 日，上海市科委在首届"金桥产业技术创新会议"上宣布"上海大数据产业技术创新战略联盟"成立。联盟由万达信息技术股份有限公司、上海产业技术研究院等19家单位共同发起成立。联盟秘书处设在上海产业技术研究院,"上海大数据三年行动计划"的推进办公室设在联盟秘书处,联盟成为"行动计划"推进的重要力量。

2013年9月11日上海大数据产业技术创新战略联盟首届理事会在上海科学会堂思南楼召开(见图3-1)。理事会一致通过联盟章程试行稿;提名并推选万达信息股份有限公司成为第一届理事长单位;上海产业技术研究院成为联盟秘书处依托单位兼副理事长单位;上海市软件行业协会、复旦大学、上海卫生信息工程技术研究中心、上海红神信息技术有限公司、上海中科计算技术研究所、博康智能网络科技股份有限公司、中电科软件信息服务有限公司、上海新分众广告传播有限公司、上海市计算技术研究所9家单位为副理事长单位;好耶信息技术(上海)有限公司、上海宝信软件股份有限公司、上海电信科技发展有限公司、上海市计算机学会、上海图书馆上海科学技术情报研究所、上海市城乡建设和交通发展研究院、中国民用航空华东地区空中交通管理局、中国电子科技集团公司第三十二所研究所8家单位为理事单位;提名并推选由万达信息股份有限公司总裁史一兵任理事长;上海中科计算技术研究所所长孔华威任秘书长;上海科学院科技处副处长吴俊伟任常务副秘书长;万达信息股份有限公司副总裁李光亚任副秘书长;邀请中国工程院邬江兴院士担任联盟专家委员会主任委员。

图3-1 上海大数据产业技术创新战略联盟首届理事会

同日,上海大数据产业技术创新战略联盟首届会员大会召开,标志着上海首个大数据领域的产业联盟正式启动运作(见图3-2)。会上,上海市科委颁布了"大数据三年行动计划"的推进管理办法,设立推进办公室全面负责行动计划的整体推进工作。来自企事业单位、高校和社会机构的50多家首批成员单位代表参加了会议并获得牌匾和证书。

图 3 - 2　上海大数据产业技术创新战略联盟首届会员大会

3.3　联盟的基本工作方式

3.3.1　联盟的组织原则

按照自愿、平等、合作、交流、互惠、互助原则采用灵活的联盟运行机制。联盟由致力于大数据技术、产品、应用及服务的一批从事研究、开发、服务和运营的相关企业、大专院校、科研机构、科技中介服务机构、社会团体等自愿组成,在上海市科学技术委员会的指导下开展以下工作:

(1) 联盟由企业、大学和科研机构等多个独立法人组成。企业处于行业骨干地位,大学或科研机构在领域具有前沿水平。

(2) 签署具有法律约束力的联盟协议,明确技术创新目标,落实成员单位之间的任务分工。

(3) 设立决策、咨询和执行等组织机构,建立有效的决策与执行机制,明确联盟对外承担责任的主体。

(4) 健全经费管理制度。制定内部管理办法,建立经费使用的内、外部监督机制。

(5) 建立利益保障机制。联盟研发项目产生的成果和知识产权应事先通过协议明确权利归属、许可使用和转化收益分配的办法,保护联盟成员的合法权益。

（6）建立开放发展机制。联盟成员自愿加入或退出，联盟积极开展与外部组织的合作交流与成果扩散。

3.3.2 联盟的组成

联盟设立理事会、专家委员会和秘书处。

理事会为联盟最高决策机构；专家委员会为理事会咨询机构；秘书处为联盟常设执行机构。随联盟的发展壮大，在适当时机将由理事会推荐成立常务理事会。

3.3.3 理事会

首届联盟理事成员单位由联盟发起单位组成。

理事会由联盟理事成员单位分管领导组成，每届任期三年，可以连选连任。理事会设理事长一名，副理事长若干名。

联盟正常运作阶段，理事会由联盟的理事、特聘理事组成。特聘理事由理事长提名，理事会通过，特聘理事数量不超过理事成员数量的 25%。

理事会的职权包括：

（1）审议和表决提交理事会的各项议案。

（2）推选和改选理事长（单位）、副理事长（单位）、秘书长、副秘书长和常务理事会成员人选。

（3）审议常务理事会工作报告。

（4）审议联盟章程修改案。

（5）审议专家委员会工作职责和组成。

（6）审议联盟技术方向和重点发展任务。

（7）审议联盟经费的筹措和使用等事宜。

（8）审议联盟专业工作组的设置和组成。

（9）审议联盟成员的加入、退出或除名。

（10）决定联盟的终止和解散。

（11）批准联盟管理制度。

（12）决定其他重大事项。

3.3.4 专家委员会

专家委员会是理事会的咨询机构，由国内外知名技术、经济、法律和管理专家组成，由理事单位提名，理事会会议通过，理事会聘任，每届任期三年。来自联盟成员单位以外的委员人数不得少于总人数的三分之一。

专家委员会设主任委员一名,由联盟理事长提名、理事会会议通过;设副主任委员二名,由主任委员提名、专家委员会会议通过并报备联盟理事会。

专家委员会职责包括:

(1)跟踪、了解、掌握和大数据创新与应用相关的科技发展动态,针对联盟产业技术创新目标和主要任务,及时向理事会或常务理事会提供包括重点发展方向和保证措施等在内的相关信息和工作建议。

(2)积极参与联盟相关的科技发展战略、发展规划、技术政策、科技计划和产业促进思路研究,凝练提出联盟重大自主创新科技项目建议,对联盟项目的实施进行论证评估和检查监督。

(3)对秘书处各专业工作组工作的开展提供咨询和指导。

(4)承担理事会或常务理事会委托的其他战略咨询或研究工作。

(5)发现和举荐具有专业特长的相关人员参加联盟工作。

(6)每年向理事会或常务理事会提交年度工作报告。

3.4 联盟秘书处

秘书处是联盟常设执行机构,设立于上海产业技术研究院。设秘书长一名,副秘书长若干名,下设若干专业工作组,在秘书长的主持下开展工作。秘书长由理事长提名,理事会会议通过产生。副秘书长由秘书长提名,报理事会备案。联盟秘书处可以面向社会招聘专职工作人员。秘书处成员任期三年,可以连任。

1)秘书处职责

(1)执行理事会和常务理事会的决议。

(2)拟定章程及修正案草案。

(3)拟定联盟管理制度及修正案草案。

(4)提出联盟专业工作组设置方案并负责专业工作组的组织管理。

(5)管理联盟的所有文件档案和其他资料。

(6)组织实施联盟工作计划,并负责联盟的对外宣传。

(7)处理联盟的日常管理事务。

(8)处理其他日常事务。

2)秘书处工作制度

秘书处日常工作由秘书长依托单位人员负责,联盟成员单位应指派一名联络员,负责与联盟秘书处的日常联络工作,包括参加联盟的各项活动、承担联盟委托的工作、及时反馈联盟成员的产业技术服务需求及对联盟工作的建议、及时准确地向联盟提供不涉及商业秘密的产业技术信息资料等。

秘书处会议包括秘书处办公会和专题会议,由秘书长召集。办公会每月召开一次,专题会议视工作需要可临时召开,会议形成会议纪要,由秘书长签发相关单位执行。

3) 加入联盟方式

(1) 提交资料 阅读章程、下载申请、提交申请表/协议书(电子版邮件秘书处孔华威和毛火华 konghw@ict.ac.cn/mhhcxr@aliyun.com,书面盖章寄送科苑路 1278 号,邮编 201203)。

(2) 审批流程 联盟秘书处按照相应权限进行入会审批,理事成员和常务理事成员由理事会批准,普通成员由常务理事会(或由常务理事会授权秘书处)批准(每月一次集中审批)。

(3) 入会仪式 联盟秘书处依托单位代表联盟与新加入成员签订联盟协议书,入会成员缴纳年费,联盟颁发牌匾。

3.5　联盟的活动

大数据联盟的会员单位涵盖数据拥有方、数据使用方、数据加工方等各个领域的企业、科研院所和高校,并吸引了很多金融投资机构的加盟,其目标是搭建大数据技术创新及产业应用合作交流平台,建立互利共赢、共同发展的合作关系。

联盟以论坛、沙龙、私人董事会、投融资路演等多种形式组织会员单位在金融、交通、医疗、房地产、教育等各个领域展开了技术交流与头脑风暴。通过各类活动使成员单位之间能围绕产业技术创新的共性、关键和前沿技术开展技术合作,突破核心技术,形成产业技术标,实现联盟成员单位的创新资源有效分工、合理衔接,形成公共技术支撑平台。大数据联盟网站主页如图 3-3 所示。

1) "大数据与互联网金融"论坛

2014 年 3 月 21 日,由上海大数据产业技术创新战略联盟、上海市云计算创新基地、上海市科技人才开发交流中心、上海科普大讲坛管理办公室和上海创业人才联盟共同举办的"大数据与互联网金融"论坛顺利召开。

主题分享环节由三位嘉宾分别作了"大数据与其目前的商务运用"、"大数据与互联网时代下的金融资产管理平台建设"、"如何利用大数据来实现信用定价"的主题演讲。随后的圆桌讨论环节,嘉宾们共同围绕本期议题进行了精彩的观点交锋,论坛在众多与会者此起彼伏地举手提问中意兴未尽的落下帷幕。互联网天然的包容与开放,促进了金融体系的健全与公平,多平台联通互动,使得大数据在金融领域的应用有了可能,相信在不久将来即能看到各种金融创新真正得以实现,而赢家必定是深谙金融和技术双重之道的有心之士。

图3-3 大数据联盟网站主页

2)"大数据技术与应用"丛书编写

2014年4月29日,由上海大数据产业技术创新战略联盟及上海市数据科学重点实验室联合策划的《大数据技术与应用》丛书第一批共有8册列入上海科学技术出版社的出版计划,当天,联盟代表和8册分册主编分别与上海科学技术出版社签署了出版合同,如图3-4所示。

图3-4 首批"大数据技术与应用"丛书签约

3) "私人董事会"活动

2014年6月26日下午,来自小i机器人、海辉技术、友联众康、宏路网络、倚博科技、弘章资本、风考贸易和交大海外教育等10多位创业家私董,在私董教练的引导下,围绕上海倚博信息科技有限公司潘总提出的针对老客户拓展新业务 vs 开发新客户继续老业务的问题展开了精彩纷呈的讨论和脑力碰撞。

2014年9月19日下午,来自众人科技、蓝色互动、达龙信息、股票管家、马良传播、莎贝尔健康管理、合强软件、股票管家等20位创业家私董们提出了各自目前最为关注想探讨的话题,最终以投票的方式选出了关于如何利用大数据对接移动互联网,保持业务增长并拓展新业务的问题,在私董教练的引导下,到场私董们展开了精彩纷呈的讨论和脑力碰撞。

私董会教练首先结合提问公司的实际情况从客户类型、转型的方式、与竞争对手的差异、战略决策等方面着手,层层剖析,步步深入,将提问私董目前所面临的困惑和挑战逐步厘清。在教练的引导下,众私董献计献策,从不同的视角进行提问,帮助问题发起者多层次的认清问题的实质,给出了很多值得参考的建议。

4) "投融资私密路演"活动

2014年7月18日,为促进企业家与投资机构间的投融资对接,由上海市科技人才开发交流中心、上海市云计算创新基地、创世纪私人董事会主办,上海大数据产业技术创新战略联盟、上海杨浦青年创业指导服务中心、乔杰创创业服务公益平台共同协办的云计算、大数据领域的投融资路演活动在上海云基地成功举办,联盟秘书长孔华威出席会议并参加讨论。

出席的投资机构有:宽带资本、上海大数据实验室、英菲尼迪、青松基金、中鼎资本、纽信创投、IDG、SIG、传化投资、上海国际集团创投、数元创投、六禾资本、纪源资本等,共10个先期已由投资机构筛选出的较为感兴趣的项目参与路演。此次路演为私密性质,安排投资人真正感兴趣的项目进行有效率的直面沟通、平等交流,为企业家们与投资机构提供务实对接,旨在打造小规模、高层次、细分渠道的精准对接,帮助更多的创业企业快速成长。当场多家投资机构与其感兴趣的项目目前已进入一对一深入了解的洽商阶段。

5) "大数据,开启时尚产业的变革序幕"活动

2014年7月25日下午,由上海大数据产业技术创新战略联盟、上海市科技人才开发交流中心、上海市云计算创新基地共同主办以"大数据,开启时尚产业的变革序幕"为主题的活动。

活动盛邀时尚设计、传统产业、大数据领域、投资界等多方汇合,共同聚焦核心话题:大数据如何驱动时尚产业发展。与会嘉宾对当前大数据在时尚产业的广泛应用,及如何利用现有技术满足本土时尚企业的前进诉求,从而推动时尚产业变革进行深刻的解读和探讨。

主题分享环节由英国布拉德福德大学教授彭永红介绍了国际大数据如何驱动时尚产业的成功经验;上海服装协会副秘书长袁炜详解服装产业界如何准备迎接大数据时代到来;华院数据总裁宣晓华新鲜出炉整体解决方案:上海国时尚与设计大数据云平台。圆桌讨论环节,各位嘉宾有着不同的学术背景与从业领域,围绕"大数据如何赋予中国时尚产业新动力",结合各自的专业与实际情况畅所欲言、各抒己见。

6)"2014中国大数据国际高峰论坛"

2014年8月22—24日,由中科院深圳先进技术研究院、中国量化投资研究院、复旦大学管理学院、《上海证券报》报社、Datawatch Corporation共同主办,上海大数据产业技术创新战略联盟协办的"2014中国大数据国际高峰论坛"在上海银星皇冠假日酒店成功举办。论坛以"大数据的创新、突破、腾飞"为主题,建立了务实创新、高端权威的互动交流平台。论坛采用主题报告加专题论坛的形式展开,宏观与微观并举。23日下午的主题报告以"大数据在国际的应用与展望","中国的挑战与机遇"为主题,从国际到国内,对大数据进行了宏观阐述与深刻解读。24日的专题论坛之一"大数据在IT及其他行业的应用"由联盟秘书长孔华威主持,将大数据与IT行业深入对接,寻求数据的最大化价值挖掘与有效利用,最终推动大数据在IT领域的广泛应用与融合创新。同时,在会议现场,众多参会嘉宾围绕上述议题与演讲嘉宾、各领域的专家学者、企业界、学术界人士展开了一轮热烈的沟通交流与互动探讨,倾力打造了一届充满行业智慧与深刻内涵的大数据盛会。

图3-5 2014中国大数据国际高峰论坛现场

7)"大数据与O2O在零售业转型中的应用"讲座

2014年9月19日上午,由上海大数据产业技术创新战略联盟、上海市云计算创新基地、上海市科技人才开发交流中心、上海软件园管理办公室共同举办了"大数据与O2O在零售业转型中的应用"讲座。讲座深度解析了传统零售的转型之路,详尽分析大数据与O2O在零售转型中的应用,以及怎样搭建一个稳定的电子商务技术架构。

活动邀请到拥有丰富的业务发展、顾问咨询和管理经验的长江商学院MBA李福学老师,以"传统零售的转型"为主题,分享了线上线下怎样有效结合,以吸引消费者最终购买产品,实现品牌渗透率,最终达到市场份额的提升。另一位活动分享嘉宾同程网资深高级架构师王晓波,以"电子商务技术架构-分布式处理与大数据分析"为题,阐释了B2C、B2B、O2O等多种电商形态系统的技术设计,帮助传统企业理解电商系统对技术选择的重要性。

第4章

上海市数据科学重点实验室

　　上海市数据科学重点实验室（以下简称"实验室"）是国内数据科学领域首个政府支持的重点实验室，于2013年9月6日由上海市科委批准筹建，其前身是成立于2007年的复旦大学数据科学研究中心。实验室是《上海推进大数据研究与发展三年行动计划（2013—2015年）》的一项重要建设内容，致力于掌握核心和前瞻数据技术，在智慧城市建设的科学性、战略性、前瞻性等方面发挥作用，建成数据科学人才培养基地和大数据创新示范中心，服务大数据发展。

4.1　概况

4.1.1　意义和目的

　　大数据对人类社会发展、科学研究、经济建设、文化生活的各个领域正在产生革命性的影响。如何利用数据资源加速科学和工程领域的创新速度和水平、维护国家安全、改变国民教育方式和学习方式、培养数据科学家和数据技术人才、提升国家竞争力，是摆在国家面前的战略挑战。数据科技已经成为美国的国家战略，中国如何在大数据领域中发展并占据主动，是国家面临的战略挑战和机遇，需要在前瞻技术、新兴产业等方面率先布局，尤其是在数据技术研发和人才培养方面，更需要前瞻性和可持续性的工作。数据科学是大数据技术开发和应用的基础，开展数据科学研究，探索大数据形成和发展规律，把握数据科技发展趋势，可抢占数据领域的理论研究、技术开发和应用的先机，对国家数据能力的提升、核心技术储备、促进数据产业发展和智慧城市建设具有重要意义。

　　实验室是中国第一个省部级数据科学重点实验室。实验室将发挥人才优势、技术优势和数据优势，在数据科学基础理论方面取得国际领先的研究成果，使其成为国际数据科学研究的知名研究机构、数据科学人才培养基地，引领国际数据科学研究。同时，实验室将致力于掌握核心和前瞻数据技术，为大数据技术开发和应用奠定理论基础，并加快数据科学人才培养，服务于上海大数据战略。

　　希望通过若干年的努力，将实验室建设成为国际知名的数据科学研究机构，在数据科学基础理论研究方面取得国际领先的研究成果，引领数据科学研究；建设成为数据科学人才培养基地，培养数据科学家和企业急需的数据工程师队伍；建设成为数据科学专业建设基地，研究建设数据科学的学科体系，为国家数据科学专业设置提供基础依据；建设成为经济社会发展的重要咨询机构；形成维护国家数据主权的重要技术力量；建设成为上海大数据战略的技术研发和支持中心。

4.1.2 组织结构

实验室将按照上海市科学技术委员会的相关规定,由上海市科学技术委员会领导,依托复旦大学建设和运行。复旦大学通过"重点实验室管理委员会"对实验室各项工作进行规划、组织、协调和决策。复旦大学重点实验室管理委员会由分管校长任组长,学科、人事、资产、财务、研究生等相关职能部门负责人为成员,解决重点实验室建设与运行中的有关问题并为重点实验室提供有力的技术支撑、后勤保障。

实验室的具体运行和日常工作采用学术委员会指导下的主任负责制。当前,实验室组织架构如图 4-1 所示。

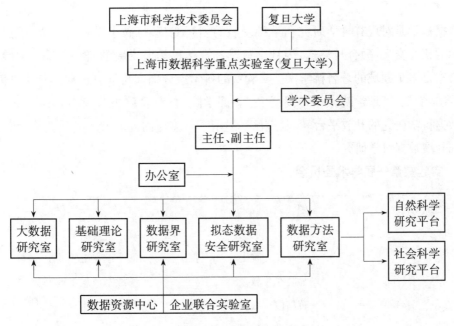

图 4-1 实验室组织架构

各组织职能包括:

(1) 学术委员会 实验室的学术指导机构,每年至少召开一次学术委员会会议,审议重点实验室年度工作和学术发展方向、确定重大学术活动、指导下一步工作计划。

(2) 主任/副主任 负责制定并执行实验室工作计划;负责实验室的人员和日常运营管理。

(3) 办公室 负责行政、人事、后勤事务和财务工作;负责组织科研项目申报与管理、学术交流、学术会议和学术期刊的管理,开放课题管理,科研人员流动;负责研究生的招生和管理。

(4) 数据资源管理中心 负责数据资源的收集和管理,建设 Benchmark 数据集,并负责实验环境的运行维护。

（5）基础理论研究室　开展数据科学基础理论研究,包括研究数据相似性理论、数据测度和数据代数、数据科学的研究方法。

（6）数据方法研究室　探索自然科学和社会科学研究中的数据方法。

（7）数据界研究室　研究数据基本规律、数据分类和数据界安全。

（8）大数据研究室　研究大数据技术与应用。

（9）拟态数据安全研究中心　研究数据安全。

（10）企业联合实验室　面向国民经济与社会发展提供技术服务,对接企业需求,承接技术开发项目。

4.1.3　主要人员

数据科学是对现有科学研究和学科发展的创新变革,打破了学科的边界,促进多种学科之间的相互交叉、融合与渗透,为社会科学和自然科学提供新的研究方法。实验室学术委员会来自多个领域的著名科学家。实验室的科学家分别来自计算机科学技术学院、经济学院、数学学院、管理学院、国际关系学院、新闻学院、心理学系、中文系、化学系、哲学系等。作为数据科学研究的开放平台,实验室已经邀请了众多海内外教授学者作为客座数据科学家共同开展数据科学研究。

1）实验室第一届学术委员会

主　任	邬江兴　院士	解放军信息工程大学
	陈左宁　院士	江南计算所
	何　友　院士	海军航空工程学院
	马晓军　教授	解放军信息工程大学
	蒋昌俊　教授	同济大学
	李亦学　教授	上海生物信息研究中心
委　员	曾　刚　教授	华东师范大学
	房　敏　教授	上海中医药大学
	张晖明　教授	复旦大学
	孟　建　教授	复旦大学
	王晓阳　教授	复旦大学
	朱扬勇　教授	复旦大学
秘　书	斯雪明　教授	解放军信息工程大学
	朱扬勇　教授	复旦大学计算机学院

2) 实验室第一届管理人员

实验室主任	朱扬勇　教授	复旦大学计算机学院
实验室副主任	斯雪明　教授	解放军信息工程大学
	张晖明　教授	复旦大学经济学院

3) 实验室主要研究人员

朱扬勇　教授	复旦大学计算机学院
斯雪明　教授	解放军信息工程大学
张晖明　教授	复旦大学经济学院
黄丽华　教授	复旦大学管理学院
高卫国　教授	复旦大学数学学院
林　伟　教授	复旦大学数学学院
孙时进　教授	复旦大学心理学系
孟　建　教授	复旦大学新闻学院
吴力波　教授	复旦大学能源经济研究中心
汪　卫　教授	复旦大学计算机科学技术学院
张　亮　教授	复旦大学计算机科学技术学院
危　辉　教授	复旦大学计算机科学技术学院
黄萱菁　教授	复旦大学计算机科学技术学院
周向东　教授	复旦大学计算机科学技术学院

4.1.4　实验环境

实验室位于复旦大学张江校区,目前办公场地超过 2 500 m²,拥有良好的机房环境和计算设备,具体如下:

(1) 计算环境　联想 RD640 服务器(英特尔至强 E5 - 2609v2×2/192GB 内存/600GB SAS,10K RPM×3/R700 RAID 卡)6 台;戴尔刀片服务器 1 套,含 DELL PowerEdge M1000e 模块化刀片式盘柜 10U 机箱 1 个、DELL PowerEdge M620 刀片服务器(英特尔至强 E5 - 2609v2 ×2/128GB 内存/1TB 7.2K RPM 近线 SAS 6Gbps 2.5 英寸热插拔硬盘×2/H310 RAID 控制器/Broadcom 57810 - k 双端口 10Gb KR Blade 网络子卡)9 台、Dell Force10 MXL 10/40 GbE DCB 刀片式交换机 1 台;联想 T350 G7 服务器(英特尔至强 E5640×2/32GB 内存/SAS146GB×3/8 通道 SAS RAID 卡/ Dell SAS 6GB HBA 卡×2)2 台。共计 136 个 CPU 核心(152 线程)。

（2）存储环境　DELL PowerVault MD3600i（双控）iSCSI 存储设备（4TB 近线 SAS 6Gbps，3.5 in，7.2K RPM 硬盘热插拔×12）6 台；DELL PowerVault MD1200（双控）存储扩展盘柜（4TB 近线 SAS 6Gbps，3.5 in，7.2K RPM 硬盘热插拔×12）10 台；DELL PowerVault MD3600i（单控）iSCSI 存储设备（4TB 近线 SAS 6Gbps，3.5 in，7.2K RPM 硬盘热插拔×3）1 台；DELL PowerVault MD3200i 存储设备（4TB 近线 SAS 6Gbps，3.5 in，7.2K RPM 硬盘热插拔×3）2 台；PowerVault MD3200 直连存储设备（300GB 近线 SAS 6Gbps，3.5 in，15K RPM 硬盘热插拔×5）。共计超过 800TB 的数据存储能力。

（3）组网环境　戴尔万兆以太网交换机（Dell N4064，48 个 10GBASE－T 端口和 2 个 40GbE QSFP＋接口）；思科 C3750X 三层千兆交换机（WS－C3750X－24T－S 24 口三层交换机）3 台；思科 C3560X 千兆二层交换机（WS－C3560X－24T－L 24 口二层交换机）1 台；思科 C2960G 千兆二层交换机（WS－C2960G－24TC－L）1 台；华为 S1724G 千兆非网管交换机（24 口千兆）1 台。共计 48 个万兆以太网口、144 个千兆以太网口接入能力。

实验环境拓扑结构如图 4－2 所示。

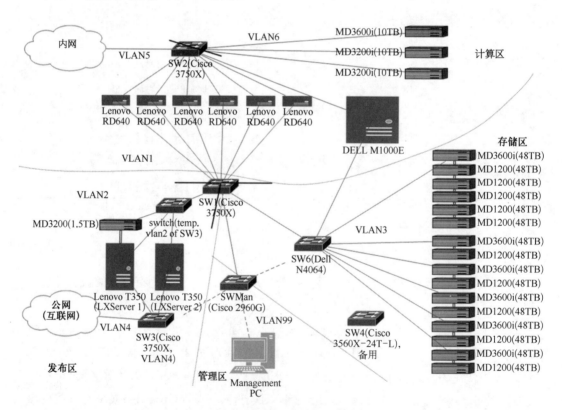

图 4－2　实验环境拓扑结构

实验环境逻辑上分为四大区域，分别是：

① 计算区，以提供计算能力为主，由 6 台独立 PC 服务器和 1 台含 9 块刀片式服务器的设备组成，日常提供 6 个独立计算环境和 1 个 9 节点云计算环境，必要时 6 个独立计算节点可并

入云计算环境,形成 15 个计算节点的云计算环境。此外计算区也部署少量 SAN 存储设备,以提供 TB 级的临时文件存储空间,<1TB 的临时文件缓存在各计算节点的本地磁盘上。

② 存储区,以提供海量数据存储为主,由 16 台高性能 SAN 存储设备通过 10GbE 网络互联,组成 800TB 的存储能力,并通过 iSCSI 协议向计算区和发布区提供海量数据存储支持。

③ 发布区,对外提供数据服务以及可公开数据的发布。

④ 管理区,建立独立的管理网络,通过交换机、存储设备、服务器上的专用带外管理接口对整个实验环境进行管理,既不占用计算和存储的核心网络性能,又能提供更加可靠的管理。

整个实验环境有两个对外出口。一个是连接到实验室内部网络的出口,从实验室内部网络可以方便地直接远程登录计算节点进行实验,或是大规模上传数据到存储设备。另一个是连接到公网的外部网络出口,为发布区的发布服务器提供互联网地址,使得来自互联网的用户能够访问到发布服务器,进而使用整个实验环境提供的数据服务,访问公开数据。

4.2 主要研究方向

实验室将致力于数据科学理论、方法和技术的研究,主要研究方向为:数据科学基础理论、数据界探索、数据技术及其应用。

4.2.1 数据科学基础理论

1) 研究数据相似性理论

数据相似性是衡量数据对象之间的关系、研究数据和分析数据的基础。数据相似性理论研究包括:相似性的定义、相似性计算、相似性函数的性质及分类、相似性函数评估准则等。相似性理论的建立将解决数据挖掘和大数据分析技术中的核心问题,使得数据挖掘的适应性和可伸缩性大幅提高,并将影响数据领域的技术发展。

2) 研究数据测度和数据代数

数据度量和计算是数据科学中的另一个基础问题。一个正确完备的数据计算理论是数据科学的基础之一,这需要研究和建立针对不同类型数据的代数体系。关于数据代数,目前已经有"关系代数"为关系型数据的计算提供理论依据。对于非关系型数据,需要定义"由数据集构成的集合上的度量方法和运算",形成一定论域上的数据代数,包括:研究和定义数据集;定义数据集上的测度;定义"单位元"("零元"、"幺元")、数据运算("加法"、"乘法"等),分析数据集的代数结构特性。如同关系代数为关系型数据的计算提供理论依据一样,所建立的数据代数将为非关系型数据的计算提供理论依据,在复杂数据对象处理的技术上取得突破。

3）探索数据科学的研究方法

数据勘探、数据实验、数据感知化是目前数据科学所需要研究的一些基本方法。数据勘探是勘探数据集的总体特性和结构，数据勘探方法研究包括数据集价值判断、数据集分析方法选择和数据集可访问性分析。数据实验用于验证自然界和数据界的假说和规律，用于模拟人文与社会行为，也可以用于数据规律的发现，需要研究数据观测的方法和工具、研究数据实验的方法和工具、研究实验评价和可重复性等问题。数据感知化是将数据转化为通过视觉、听觉、触觉、嗅觉、味觉等方式可直接感知的形式。

4.2.2 数据界探索

1）数据基本规律研究

当人们将自然界和人类社会的科学研究成果以数据的形式存储在网络空间时，对数据界的探索则是更高级的科学发现。数据界的大小、数据的增长方式、数据真实性、数据增长对人类社会的影响等，是探索数据界的基本研究内容。

2）数据分类

数据分类是数据界探索的基础之一，包括：研究分类标准，以达成在数据认识概念上的共识；建立数据本体，对整个数据界定义数据本体，在各元数据之间建立联系，即建立多种关于数据的本体（称为数据百科全书），并建立这些本体概念的相似关系和联系，为数据的访问和理解提供权威解释；对已有的数据集根据分类标准和数据本体进行分类，形成人类认识数据界的基本类别。

3）数据界安全

研究网络空间的数据安全、数据主权问题；将数据科学的理论和方法应用于军队信息化建设，建立军事数据学（基于数据的战争模拟、军事训练、情报分析、军事理论、战场态势感知、网络舆情分析等）；将密码研究方法等用于数据科学的研究，以丰富和发展数据科学的研究内容。

4.2.3 数据技术及其应用

1）科学研究的数据方法

目前，几乎所有的科学研究都使用了计算机，在计算机系统中都存放有巨量的数据，科学研究面临方法的变革和创新，需要研究基于数据和数据技术的科学研究方法，称为科学研究的数据方法。科学研究方法从之前的"科学假设"→"科学实验"→"实验结果分析"→"证伪假设"→"科学假设"，转变为"科学假设"→"数据获取与整合形成数据资源"→"数据挖掘与分析"→"数据结果分析"→"科学实验"→"实验结果分析"→"证伪假设"→"科学假设",从而利用数据提高科学研究的效果和效率。

2）领域数据学

现代科学研究需要多种研究方法的融合,例如,生物实验方法和生物计算方法的融合,产生了生物信息学。如何将数据方法融合到具体领域的科学研究中是一个重要课题,需要探索数据密集型科学研究的共性问题,并在基础较好的学科中开展实践。除一般的理论和方法,对数据内容的很多研究将由各领域的科学家来进行,发展专门的理论、技术和方法,从而形成专门领域的数据学,例如脑数据学、行为数据学、生物数据学、气象数据学、金融数据学、地理数据学等。

3）大数据复杂性

大数据的复杂性是制约大数据处理效率和效果的关键要素之一,也是大数据处理成为一个技术问题的重要因素。大数据复杂性分析需要从系统层面,运用系统科学的基础理论与方法探索其机理、寻找基本方法体系(包括:研究数据集复杂性的建模理论、处理过程复杂性的约简方法、知识体系复杂性的表示理论等),建立大数据处理、分析的过程模型。

4）大数据挖掘技术

通过分析大数据的复杂性以及大数据环境下产生的新数据挖掘需求,归纳、抽象和定义新型数据挖掘任务(例如数据网络挖掘、特异群组挖掘、图挖掘等),提出相应的数据挖掘度量(例如特异度度量、兴趣度度量等),建立针对复杂数据的新型挖掘模型,优化数据挖掘算法等,在形式化定义的基础上形成新型数据挖掘理论体系和方法框架。

5）大数据应用

面向上海经济建设和社会发展重大需求,开展科技成果转化和产学研结合工作,研究数据技术在上海智慧城市建设中的应用,包括智慧交通、智慧医疗、智慧金融等各领域的应用,例如个性化线路推荐、数字医院、移动医疗、区域医疗建设、舆情与市场行情异常波动分析等。

4.3 运行机制

实验室实行"开放、联合、流动、竞争"的运行机制,努力建立多学科合作方式,联合兄弟院校科研力量,探索与政府部门、企事业单位的联动机制。

4.3.1 开放运行

实验室资源对全社会开放。实验室的设备、数据资源、人才资源、教育培训资源都是对全社会开放的。实验室还专门设置了面向实验室之外的科学家设立开放课题,吸引国内外优秀科技人才,鼓励实验室内外科学家联合申请项目,积极开展国际和国内合作与学术交流,加强各领域合作。实验室也重视科学普及,向社会公众开放,每年都设有公众开放日,供社会公众,尤其是中小学生参观学习。

4.3.2　联合攻关

在联合科研攻关方面,主要包括:

(1) 军民融合　实验室将与解放军信息工程大学、海军航空工程大学等开展合作,将数据科学的理论和方法应用于军队信息化建设;开展在网络空间安全、战场态势感知、网络舆情分析、密码学等领域的应用研究,建立军事数据学,丰富和发展数据科学的研究内容;联合成立数据科学军民融合实验室,申报教育部协同创新中心,合作申报军口项目,联合举办国际国内会议,开展学术交流,联合培养研究生。

(2) 交叉合作　实验室将与其他兄弟院校和科研机构建立互动机制,特别开展多学科交叉、多机构交叉、多领域交叉,共同开展数据科技及其在各领域的应用研究,通过开放课题和联合申请国家课题的方式开展合作,开展科学攻关和学术交流;倡导应用需求牵引下的科学研究,建立产学研联合机制,开展技术应用;聘请一批来自兄弟院校和科研机构、企事业单位的客座数据科学家。

(3) 国际发展　实验室以国际数据科学重要研究机构为目标,大力推进国际化工作,吸引全球数据科学家前来工作和学术交流,每年将保持有一批国际著名的科学家来实验室访问交流。

4.3.3　人员管理

实验室为校内相对独立(固定编制、人事双聘、研究生培养等)的科研实体,以项目团队制为基本管理模式,实行主任负责制。研究队伍由固定人员和流动人员组成,固定人员以研究负责人(Principal Investigator, PI)为主,按实验室所设学科严格控制其编制,由实验室主任公开聘任。其他研究人员数量由 PI 根据研究工作的需要和争取到课题的实际情况自主聘任,受聘人员作为流动编制经实验室主任核准后,其相关费用由课题组负担。校内人员采用双聘制。

短期研究人员每年在实验室工作时间在三个月以内,中期人员在一年以内,长期人员在一年以上,各类人员根据科学研究需要进行聘任,可连续聘任。进入重点实验室的 PI 有严格的准入和考评政策,连续两次考评不合格的 PI 退出,并移交办公室和相关设备等,保持一定比例的人员流动。拟设立 40 名流动研究人员规模的流动研究岗位,以吸引国际国内高水平数据科学或相关领域的研究人员到复旦进行访问研究。从院系聘任的重点实验室 PI,属于双聘,人事关系隶属原院系,在实验室开展工作,研究条件主要由实验室提供,研究成果按照重点实验室第一和院系第二同时署名。

建立绩效导向的考核制度;相对独立的职称晋升标准和制度;建立 tenure 制度。在激励机制方面将考虑如下因素:

(1)制定科学合理的考核制度。固定人员每 2 年考核一次,流动人员在研究中期和末期各考核一次。考核内容应包括科学研究、教学和社会服务三方面。强调发表论文的质量,注重形成数据科学基础理论的标志性成果和代表性成果。

(2)在推荐国家、省部级优秀中青年科学家时,与考核结果紧密结合。

(3)岗位津贴不与职称挂钩,而应与考核结果相对应,在同等条件下,应向青年学者倾斜。

(4)对承担国家重点、重大项目的负责人,要配备专门的助手和专项补贴。

(5)争取社会资金,设置特聘教授岗位和青年学者专项经费,努力改善实验室人员生活条件。

4.3.4 管理制度

重点实验室是上海科技创新体系的重要组成部分,是开展原始创新、集成创新和消化吸收再创新研究,汇聚和培养优秀科技人才和工程技术专家,开展科技交流合作、开放共享先进创新资源的重要基地,将为上海的持续稳定发展提供有效的知识储备和技术支撑。

根据《上海市重点实验室建设与运行管理办法》,实验室已经建立了经费、人员、仪器设备等一系列的内部管理规章制度,以规范运行管理,加强实验室事务公开。

实验室已经建立门户网站(www. datascience. cn,www. datascience. fudan. edu. cn),并与上海研发公共服务平台的门户网站建立有效链接。通过实验室网站和上海研发公共服务平台门户网站发布开放课题指南、工作动态和科研成果等信息。

在仪器设备方面,实验室在保障科研仪器的高效运转,有计划地实施科研仪器设备的更新改造、自主研制,实行开放共享,按照有关规定和要求实施数据共享。在知识产权管理方面,在实验室完成的专著、论文、软件、数据库等研究成果均要求标注重点实验室名称,专利申请、技术成果转让、申报奖励等按国家和上海市有关规定办理。

4.4 学术会议

实验室于 2014 年创办数据科学国际会议(International Conference on Data Science, ICDS);2014 年创办数据科学超学科论坛、前沿科技闭门会议、数据驱动创新沙龙等,并承办和协办多个学术会议。

4.4.1　国际数据科学会议

实验室的前身，数据科学研究中心，于 2010 年创办了"数据学与数据科学国际研讨会（年会）"(International Workshop on Dataology and Data Science)，实验室主任朱扬勇教授为会议创办者和会议主席。会议的主要目的是探讨数据学和数据科学的基础理论问题、基本研究内容和研究方法。来自美国、日本、加拿大、澳大利亚、西班牙，以及中国香港和复旦大学、中国科学院、清华大学、北京大学、武汉大学、厦门大学、东华大学、中山大学等数十位科学家参加了该会议，到目前为止，参会总人数超过 500 人次。2014 年该研讨会发展成为数据科学国际会议(International Conference on Data Science)。

第一届数据科学会议于 2014 年 5 月 27 日至 28 日在北京怀柔召开。本届会议由上海市数据科学重点实验室（复旦大学）、中国科学院虚拟经济与数据科学研究中心、悉尼科技大学数量计算与智能系统实验室，以及西安交通大学管理学院联合主办。本次会议以"大数据时代背景探索数据科学新领域"("Explore New Field of Data Science under Big Data Era")为中心议题。来自美国、英国、日本、澳大利亚和我国的计算机、数学、管理学、遥感、哲学等领域的专家学者就大数据现有的研究水平、大数据带来的机遇和挑战、数据科学研究未来的发展方向、数据科学人才培养及学科体系建设等热点问题展开了颇有成效的探讨，取得了十分重要和深刻的成果。实验室主任朱扬勇教授做了"Training Data Scientist"的特邀报告。本届会议的大会主席是中国科学院虚拟经济与数据科学研究中心主任石勇教授；上海市数据科学重点实验室朱扬勇教授是指导委员会共同主席，熊赟副教授是程序委员会共同主席。

4.4.2　超学科论坛

"超学科论坛"由实验室发起主办，旨在聚集海内外不同学术背景的科学家，不分学科界限，探讨数据科学对现有科学研究和学科发展的创新变革，促进学科交叉与融合。超学科完全打破了学科的边界，不遵循学科的程式规范，而是在参考各个学科的概念和理论的基础上，超越学科视野，建构全新的解读框架和研究范式。大数据时代，通过全样本数据资源，运用不断进步的数据获取和挖掘工具，超越既有的学科壁垒，形成新的研究范型，对既有学科研究和成果运用带来革命性的影响，形成"超学科"能力，形成基于多学科合作基础上的研究能力跃迁。

截至 2014 年 9 月，"超学科论坛"已经举办了两期。

1) 第 1 期"超学科论坛"：大数据的魅力和数据科学研究的使命

2014 年 3 月 30 日下午在复旦大学光华楼思远报告厅，实验室创办的"超学科论坛"成功举办第 1 期论坛，主题为"大数据的魅力和数据科学研究的使命"。复旦大学副校长林尚立教授出席并致辞;中国程控交换机之父、拟态计算和拟态安全的提出者、中国人民解放军信息工程大学邬江兴院士出席并作"拟态安全防御"的主旨报告;海军航空工程学院何友院士等一批专家出席。复旦大学副校长林尚立在开坛致辞时指出:"超学科论坛对复旦来说是一个历史性的时刻,邬江兴院士、何友院士参加论坛,共同见证了这个历史性时刻,这也是复旦的荣幸。我相信超学科论坛以及邬院士所做的主旨演讲将对复旦的数据科学研究产生积极的推动作用。希望这个论坛不仅能促进复旦学科的发展、提升复旦服务国家的能力,更为重要的是能够在这个平台上面孕育出新的能够用数据力量来创造新的学术、学科发展的人才。"张晖明教授对论坛的命名、定位和愿景作了说明。新闻学院孙少晶教授、社会发展学院孙时进教授和任远教授、计算机技术学院朱扬勇教授、汪卫教授和上海生物信息技术研究中心刘雷教授等就大数据与超学科、数据革命与社会科学、数据科学与心理和其他科学、大数据与企业管理变革、生物医学数据分析、微博与网络大数据分析等问题进行了演讲。主讲嘉宾演讲后,与会师生对超学科论坛表现出浓厚的兴趣,展开了热烈的对话。有 80 多位科学家、老师和学生参加了本次论坛。

2) 第 2 期"超学科论坛":大数据背景下商务管理的新机遇

第 2 期"超学科论坛"由复旦大学管理学院信息管理与信息系统承办,于 2014 年 6 月 7 日下午成功举办。本期论坛以"大数据背景下商务管理的新机遇"为主题,聚焦大数据作为一种新的商务技术工具手段对商务模式带来的变革和发展机遇,邀请学界对大数据技术素有研究的专家和业界运用大数据技术起步早且取得显著成果企业代表作专题演讲。清华大学经济与管理学院陈国青教授谈到"大数据时代的管理挑战与创新",剖析了大数据技术在商务模式创新中的广泛应用前景,复旦大学管理学院教授黄丽华从几个研究案例成果谈了大数据在商务管理应用的魅力。来自企业界的嘉宾文思海辉技术有限公司华东区负责人符海鹏经理、上海惠生通信技术有限公司总经理胡立诗、华院数据技术(上海)有限公司执行总裁麦星、中国商飞上海航空工业有限公司副总经理兼中国商飞信息化中心主任王琛和京东无线大数据业务负责人袁蓉蓉跟大家分享了他们的成功经验。对大数据在商业银行管理和商业银行产品与服务流程创新、电信运营商增值服务能力的提升和发展空间、商业智能技术对企业成本控制和精益管理的意义、航空制造业和电商营销策略中的应用、运用大数据技术创新挖掘消费者潜在需求和提供优质服务等。共有 130 多位科学家、老师和学生参加了本次论坛。

4.4.3　其他会议

实验室创办"前沿科技闭门会议",旨在建立科技智库,为政府科技政策制定、大学专业设置提供咨询。会议实行主席负责制,以主题报告、对话、分组讨论和观点发表为主要形式,每期选择当前十大科技前沿问题之一为中心议题。

实验室创办"数据驱动创新沙龙",旨在为对数据科学理论与技术感兴趣的学生和青年科研工作者提供研讨和交流平台。通过思想碰撞激发创新,支持和推动有潜力的学生和青年科研工作者勇于创新和探索,形成有创造性的科研成果。

另外,实验室还承办和协办多个大数据方面的学术会议。

4.5 人才培养

数据科学为大数据技术开发和应用提供理论支撑,随着大数据应用的快速发展,数据科学理论的研究进入快速发展期,导致数据科学和大数据方面的专业人才极其匮乏,难以支撑数据科学研究和大数据产业发展对人才的需求,需要高等院校尽快培养更多的数据科学高端人才。实验室建立了系统全面的数据科学人才培养计划,目前包括:青年数据科学、数据科学博士后、数据科学博士学位、数据科学硕士学位、数据科学专业硕士学位、大数据工程硕士、数据科学本科第二专业学位、数据科学 FIST 课程以及数据科学家训练营等 9 个关于数据科学和大数据人才的培养项目。

4.5.1 数据科学学位培养

2014 年 6 月 24 日,复旦大学学位委员会对自主设置目录外二级学科"数据科学"专业进行了论证。实验室主任朱扬勇教授汇报了数据科学的基本情况、设置二级学科的必要性和可行性、学科人才培养方案、学科建设规划等内容。经答辩,校学位委员会通过了数据科学作为自主设置目录外二级学科。2015 年起招收数据科学专业的博士研究生、硕士研究生,成为国内第一个设置数据科学学位的大学。

1) 目的和基本要求

数据科学专业致力于培养具有扎实数据理论基础、深度数据分析能力,掌握全面的数据挖掘统计分析方法和工具的数据人才。掌握坚实宽广地本专业基础理论和深入系统的专门知识,熟知本专业的前沿动态和较深入地了解相关学科的知识,具有从事数据科学研究、教学或应用开发,以及独立主持技术工作的能力,有创造性的研究成果。

考生要求具有学士学位或具有国民教育系列大学本科毕业学历(包括应届本科毕业生和在职人员,原所学专业不限);较系统掌握计算机专业基础知识和数理统计基础知识,热爱数据分析,具有数据理论研究和开拓创新方面的能力。学位分为硕士学位和博士学位。博士学位有三年制的博士生、五年制的本科直博生和硕博连读生(硕士 2 年,博士 3 年)。

硕士和博士都设有课程学习及学分的基本要求、必修环节的基本要求,学术活动的次数、考核方式及基本要求和学科综合考试或资格考试的基本要求。

2）课程体系

数据科学课程体系包括学位必修课、选修课和学术实践。

学位课中除了公共学位课，还包括学位基础课和学位专业课。学位基础课包括数学基础、数据分析基础、数据科学基础课程；学位专业必修课包括计算机科学基础、数据科学、数据管理、领域相关分析技术。

选修课分为专业选修课和跨一级学科选修课程。专业选修课包含数据计算、大数据管理、数据分析、理工和人文方向的领域数据学、基于 Web 技术和应用和软件开发类；跨一级学科课程主要选修相关的领域数据学基础课程，涉及科学计算的如生物数据学、物理数据学、天文数据学、遥感数据学、化学数据学、材料数据学、医学数据学和社会计算的如历史数据学、地理数据学、心理数据学、经济数据学、管理数据、广告数据学、新闻数据学、语言数据学。

学术实践包括以专题形式增加领域数据学的技术和应用课程，教学实践、作学术报告、前沿讲座等。

3）科研工作

硕士研究生应参加重要项目的研究与开发，参加国内外学术合作，参加本科生的教学辅导。硕士学位论文选题应属于本学科专业有关研究方向的基础研究或应用研究中的重要课题，对于学科发展或产品开发应用有一定意义。论文研究工作部分应有 1 年以上的工作量，有一定的创造性成果，至少以第一作者在国内核心刊物上发表 1 篇以上（含 1 篇）的研究论文，且论文内容与学位论文中的部分内容密切相关。

博士研究生应参加重点项目的总体设计与研究开发，负责应用项目的总体设计与开发，参加国际学术交流与合作。博士学位论文选题应属于本学科专业有关研究方向的重要课题或学术发展的前沿课题，或应用研究中的重大课题，对于学科发展有重要学术意义或对产业化有重要意义。论文研究工作部分应有两年以上的工作量（硕博连读、直接攻博生应有三年以上的工作量），在基础研究或应用研究方面做出创造性工作，至少在列入 Rank 2 以上的国际学术会议发表论文一篇；或在列入 ESCI 的学术期刊上发表论文累计影响因子超过 1；或在国内权威期刊上发表三篇以上（含三篇）的研究论文，且论文内容与学位论文中的部分内容密切相关。

4.5.2 大数据工程硕士

随着整个社会信息化建设的不断深入，数据的生产、存储、管理和分析已成为常态工作。大数据方向工程硕士致力于培养具有深度数据分析能力、扎实数据挖掘技能以及对统计分析方法和工具了解的数据复合型人才，有助于将数据技术和方法与实际应用结合实现数据驱动决策，主导产品的开发，从而推动业务实现创新。

大数据工程硕士项目通过整合学术界和工业界在数据科学领域的相关优势资源，训练学员大数据管理和分析实践能力,培养大数据工程师和数据科技应用科学家。二年学制,周末上课,颁发工程硕士学位。招生对象要求具有学士学位或具有国民教育系列大学本科毕业学历(包括应届本科毕业生和在职人员,原所学专业不限),较系统掌握计算机专业基础知识,具有一定的软件开发或软件项目管理方面的经验和能力。

4.5.3 数据科学 FIST 课程

FIST 课程《数据科学》邀请了数据领域前沿的三位高水平研究人员授课,分别对目前最新的数据科学领域中的热点研究问题,尤其是大数据分析技术和深度学习技术进行介绍,并结合这些新型的研究问题通过研讨的形式提高对学生从事科学研究的能力。主要内容包括:数据科学的概念和内涵、发展发展现状、研究内容、科学问题和挑战、数据科技应用;大数据分析平台、面向大数据的数据挖掘算法、新型大数据分析技术、深度学习技术和应用。师资和课程内容设置体现了国内外、院校企业融合的特色。

FIST 课程《大数据管理》邀请了数据领域前沿的三位高水平研究人员授课,课程内容主要包括:大规模中文知识图谱的构建与管理、大规模图数据的管理技术;移动环境下的大数据管理技术,移动大数据管理的挑战、计算模型、不确定性数据管理等内容进行系统介绍;大数据管理以及大数据环境下 SQL 查询的处理技术等。

4.5.4 数据科学家训练营

数据科学家训练营项目是短期培训项目,在较短的培训时间内高强度地讲授数据科学家所应具备的基本知识,使学员具备数据科学家的基本知识,踏入数据科学家队伍。"数据科学家训练营"邀请国内外著名数据科学家进行授课,经考试合格将颁发"数据科学家训练营结业证书"。

第 1 期训练营于 2014 年 7 月 5—13 日在复旦大学张江校区举办。来自国内外学术界、企业界等共 16 位数据科学家系统地讲授了数据科学核心课程和大数据行业应用,课程包括:大数据管理与查询、数据科学的数学基础、非线性数据分析模型、大数据图模型与图挖掘、大数据挖掘与隐私保护、特异群组挖掘、大数据可视化、金融大数据、传统企业应对大数据、移动大数据、计算广告学、营销大数据等。

参会企业有来自 SAP、PayPal、Teradata、上海宝信软件股份有限公司等著名 IT 企业和互联网企业,国泰君安证券、郑州商品交易所、德勤管理咨询(上海)有限公司等金融、咨询机构,上海通用、德邦物流等传统制造业企业,以及政府机构、高校科研院所等。

附录

上海推进大数据研究与发展三年行动计划（2013—2015 年）[*]

* 2013 年 7 月 12 日上海市科学技术委员会发布。

在国家和上海市"十二五"科技发展规划及《上海市中长期科学与技术发展规划纲要》指导下，上海市科学技术委员会通过近一年时间的充分调研和讨论，梳理了市场和商业模式创新需求、大数据资源和技术基础、研发能力和人才现状等。经过充分酝酿、多次征求意见，编制本规划。

维基百科把大数据定义为一个大而复杂的、难以用现有数据库管理工具处理的数据集。广义上，大数据有三层内涵：一是数据量巨大、来源多样和类型多样的数据集；二是新型的数据处理和分析技术；三是运用数据分析形成价值。大数据对科学研究、经济建设、社会发展和文化生活等各个领域正在产生革命性的影响。为加快上海大数据研究和产业化布局，培育数据产业，服务智慧城市，促进经济结构调整和产业转型，特制定本计划。

1）国内外发展现状

（1）国外

发达国家启动大数据布局。2012 年 3 月，美国政府发布《大数据研究和发展倡议》，投资 2 亿美元发展大数据，用以强化国土安全、转变教育学习模式、加速科学和工程领域的创新速度和水平；2012 年 7 月，日本提出以电子政府、电子医疗、防灾等为中心制定新 ICT（信息通信技术）战略，发布"新 ICT 计划"，重点关注大数据研究和应用；2013 年 1 月，英国政府宣布将在对地观测、医疗卫生等大数据和节能计算技术方面投资 1.89 亿英镑。

跨国 IT 企业进入大数据领域。传统数据分析企业天睿公司（Teradata）、赛仕软件（SAS）、海波龙（Hyperion）、思爱普（SAP）、Cognos、SPSS 等在大数据技术或市场方面各占据一席之地。谷歌、Facebook 等大数据资源企业优势显现。甲骨文、IBM、微软、SYBASE、易安信（EMC）、英特尔等企业陆续推出大数据产品和方案抢占市场，如甲骨文公司的 Oracle NoSQL 数据库、IBM 公司的 InfoSphere BigInsights 数据分析平台、微软公司 Windows Azure 上的 HDInsight 大数据解决方案、EMC 公司的 Greenplum UAP（Unified Analytics Platform）大数据引擎等。

大数据技术发展迅猛。数据技术从早期在单机上处理单一类型数据，发展到当前在计算机集群上处理多类型数据，实现时间宽松的数据分析应用。随着数据量发展到 PB、EB 级甚至更大，并且要求更快的处理分析时间，大数据专用计算机、异地分布式计算机集群、多类型多来源数据的处理和分析、数据网络等复杂结构数据的分析、秒级时间分析等通用技术以及各种面向领域的应用技术是大数据技术的发展趋势。以 HDFS、GFS、MapReduce、Hadoop、Storm、HBase、MongoDB 为代表的一批大数据通用技术和开源项目迅猛发展。

数据科学研究不断壮大。在大数据应用的技术需求牵引下，数据科学研究和人才培养引起各国重视。美国哥伦比亚大学和纽约大学、澳大利亚悉尼科技大学、日本名古屋大学、韩国釜山国立大学等纷纷成立数据科学研究机构；美国加州大学伯克利分校和伊利诺伊大学香槟分校、英国邓迪大学等一大批高校开设了数据科学课程。Facebook 等著名企业开始设立数据科学家岗位。

（2）国内

政府和科研机构开始高度关注大数据。2012 年 12 月，国家发改委数据分析软件开发和服务列入专项指南；2013 年科技部将大数据列入 973 基础研究计划；2013 年度国家自然基金指南中，管理学部、信息学部和数理学部将大数据列入其中。2012 年 12 月，广东省启动了《广东省实施大数据战略工作方案》；北京成立"中关村大数据产业联盟"。此外，中国科学院、复旦大学、北京航空航天大学等相继成立了近 10 个从事数据科学研究的专门机构。

数据价值链和产业链初显端倪。百度、阿里巴巴、大智慧等数据资源型和研发应用型企业初步涌现，并引领着数据产业的发展。2010 年 4 月，淘宝推出"数据魔方"应用，开展基于淘宝网交易数据的分析和挖掘。2012 年，华为公司推出了大数据解决方案和大数据存储产品。

数据产业园区建设逐步展开。上海智慧岛数据产业园、秦皇岛开发区数据产业基地、北京国家地理信息科技产业园、中国国际电子商务中心重庆数据产业园等一批数据产业园区，在有关各方的大力支持下正展开基础建设和招商工作。

2）上海基础分析

（1）优势

数据资源丰富。随着上海"四个中心"建设的全面推进，公众信息需求的不断提升，信息公共服务设施的不断完善，各行业信息化建设的深入推进，上海已经积累并将继续产生庞大的数据资源，在众多领域的重要作用越来越凸显。例如，上海拥有世界最大的医联数据共享系统，有 4 800 万张交通卡、每天 30 GB 交通流量信息数据、亚洲第二的证券交易额、世界第一的货物和集装箱吞吐量等。

研究实力雄厚。在基础理论研究方面，上海的高校和科研院所有较强的研究实力。在产业技术研究和推进方面，有一批面向产业的研究机构和企业研发中心，具备良好的基础积累。

产业轮廓初现。近年来，上海在数据资源整合、数据技术开发、数据应用服务等数据产业环节涌现出一批机构和企业，已经成为或正在成为推动上海数据产业发展的中坚力量，数据产业初显轮廓。

（2）不足

数据共享不足。数据资源的利用不充分，大量信息系统中的历史数据长期闲置，即使不涉及秘密，许多数据资源拥有单位公开和共享动力不足，这给跨行业数据汇聚整合造成困难，影响了大数据资源的形成。

关键技术储备不足。大数据技术储备不够，鲜有在国内外有影响的产品，缺少系统级、架构级的大数据产品。已有技术和产品的原创性、通用性不足，有待理论和关键技术突破。

产业链尚未形成。数据产业的盈利模式和服务方式等尚不明晰，缺少具有较大规模、能够带动数据产业发展的行业龙头企业，产业链各环节尚未形成明显的上下游协作发展模式。

3）指导思想与发展目标

（1）指导思想

围绕上海"创新驱动、转型发展"主线，抢占科技战略制高点，强化前沿理论研究，突破大数据关键技术，建立以企业为主体、产学研联合的发展机制，形成需求牵引、创新应用的发展模式，发展数据产业，服务智慧城市。

（2）推进原则

① 顶层规划、协同推进。通过强化顶层设计形成主体架构，建立协同共享机制，加强统筹规划，充分沟通、协调、调动各方资源，延伸大数据技术链、服务链、价值链。

② 需求牵引、创新应用。以市场需求为导向，加强基础研究，突破大数据关键技术瓶颈，不断探索创新商业模式，培育和挖掘满足国内市场特性的新业态、新模式，支撑和促进经济社会发展。

③ 营造环境、开放融合。营造和完善大数据技术和产业发展所需的政策环境、融资环境、创业环境以及公共服务体系，推动大数据技术与城市经济社会各领域相关应用的深度融合。

（3）发展目标

凝聚上海大数据领域优势力量，研究大数据基础理论，攻克关键技术，研制大数据核心装备，形成大数据领域的核心竞争力，加速大数据资源的开发利用，推进行业应用，培育数据技术链、产业链、价值链，支撑智慧城市建设。具体目标如下：

① 研究数据科学基础理论，突破大数据共性关键技术，研制具有自主知识产权的若干大数据硬件装备，达到国际领先水平。

② 遵循市场需求牵引、应用导向的业务发展模式，开发一批具有产业核心竞争力的大数据软件产品。

③ 突出企业创新主体地位，建设6个以上行业大数据公共服务平台，支持6类以上大数据商业应用系统的研制，培育一批带动本地数据产业发展的行业龙头企业。

④ 汇聚产业和行业创新活力，制定有利于大数据产业发展的标准、规范和政策，培养和引进千名高端数据人才。

4）重点任务

（1）技术攻关和产品研制

① 基础理论研究。

针对前瞻布局、技术引领的需求，整合上海研究力量，加强国内外学术和技术交流，研究、探讨并掌握数据科学的基础理论和基本方法，为数据技术开发、数据人才培养和数据产业发展提供指导和支撑。

数据科学的基础理论研究。研究数据相似理论、数据测度论和计算理论，建立数据分类学基本方法，研究数据实验的基本方法，研究数据科学的学科体系，奠定数据科学的理论基础。

大数据的复杂性研究。研究数据集复杂性的建模理论、处理过程复杂性的约简方法、知识体系复杂性的表示理论等，建立大数据处理、分析的过程模型。

科学研究的数据方法探索。探索数据密集型科学研究的共性问题，开展学科知识交叉与融合研究，建立科学研究的数据方法，并在基础较好的学科中开展实践。

② 关键技术突破。

根据大数据的特征，突破或改进原有的大数据组织和存储技术、大数据分析技术，为大数据获取、管理和分析提供技术保障。

大数据获取技术。突破分布式高速高可靠数据爬取或采集、高速数据全映像等大数据收集技术；突破高速数据解析、转换与装载等大数据整合技术；设计质量评估模型，开发数据质量技术。

大数据管理技术。突破可靠的分布式文件系统（DFS）、能效优化的存储、计算融入存储等大数据存储技术；突破分布式非关系型大数据管理与处理技术，研究大数据建模技术；突破大数据索引技术；突破大数据移动、备份、复制等技术；开发大数据可视化技术。

大数据分析技术。改进已有数据挖掘和机器学习技术；开发数据网络挖掘、特异群组挖掘、图挖掘等新型数据挖掘技术；突破基于对象的数据连接、相似性连接等大数据融合技术；突破用户兴趣分析、网络行为分析、情感语义分析等面向领域的大数据挖掘技术。

大数据安全技术。改进数据销毁、透明加解密、分布式访问控制、数据审计等技术；突破隐私保护和推理控制、数据真伪识别和取证、数据持有完整性验证等技术。

③ 产品装备研制。

在突破关键技术的基础上，研制适合大数据应用的硬件装备和软件产品，包括：大数据一体机、新型架构计算机、大数据获取工具、大数据管理产品、大数据分析软件等。

大数据一体机。研制集计算、存储、传输于一体的大数据硬件装备，实现大数据统一存储和索引管理、集群规模可动态扩展，实现 PB 级的数据存储、百亿级的记录管理、秒级的查询响应。

新型架构计算机。研制基于高效能大数据处理器（Data Processing Unit，DPU）和可重构互连、可变存储结构的新型架构计算机等具有自主知识产权的硬件装备。在这些硬件之上开发与之配套的系统软件，形成先进的大数据平台。

大数据获取工具。开发数据采集软件，实现每秒百万次的精准数据收集、准实时动态整合和数据清洗；研发高速数据全映像软件，实现变化数据的秒级响应、解析和复制。

大数据管理产品。开发面向领域优化的大数据管理系统，支持分布式数据存储；研发大数据环境下的低延迟的云备份软件、双活数据实时复制软件、数据隐私保护和泄露检测软件、可视化软件。

大数据分析软件。开发基于新型计算架构技术的通用分布式分析平台，支持 PB 级数据的分析；开发基于分布式分析平台的通用大数据智慧引擎、适用于分布式计算环境和新计算架构的大数据挖掘算法库。

（2）应用推进和模式创新

① 公共平台建设。

重点选取医疗卫生、食品安全、终身教育、智慧交通、公共安全、科技服务等具有大数据基础的领域，探索交互共享、一体化的服务模式，建设大数据公共服务平台，促进大数据技术成果惠及民众。

医疗卫生。针对临床质量分析、医疗资源分配、医疗辅助决策、科研数据服务、个性化健康引导的需求，建设全民医疗健康公共服务平台。在健康信息网已有数据的基础上，汇聚整合医疗、药品、气象和社交网络等大数据资源，形成智能临床诊治模式、自助就医模式等服务模式创新，为市民、医生、政府提供医疗资源配置、流行病跟踪与分析、临床诊疗精细决策、疫情监测及处置、疾病就医导航、健康自我检查等服务。建设完善涵盖 3 500 万患者的电子诊疗档案库，形成 PB 级的医疗健康大数据资源，实现支撑 2 000 名医生同时在线诊疗的辅助能力。

食品安全。针对食品安全和管理的需求，建设食品安全大数据服务平台。汇聚政府各部门的食品安全监管数据、食品检验监测数据、食品生产经营企业索证索票数据、食品安全投诉举报数据，建成食品安全大数据资源库，进行食品安全预警，发现潜在的食品安全问题，促进政府部门间联合监管，为企业、第三方机构、公众提供食品安全大数据服务。

终身教育。针对全民学习、终身教育的需求，建设教育大数据服务平台。积累数字教育资源，收集教育服务平台学习者行为数据和学习爱好数据，为千万级学习者提供个性化的终身在线学习服务，提高教育资源的共享和利用率，实现因材施教，优化教学过程，提高教学质量，为教育政策调整提供决策支持。建立基于大数据支撑的优质教育资源开发、积累、融合、共享的服务机制，为全体学习者提供个性化选择与推送相结合的终身学习在线服务模式。

智慧交通。针对交通规划、综合交通决策、跨部门协同管理、个性化的公众信息服务等需求，建设全方位交通大数据服务平台。整合全市道路交通、公共交通、对外交通的大数据资源，汇聚气象、环境、人口、土地等行业数据，逐步建设交通大数据库，提供道路交通状况判别及预测，辅助交通决策管理，支撑智慧出行服务，加快交通大数据服务模式创新。针对航班正常、安全、有效运行的需求，建设航空流量管理及机场协同决策平台。汇聚整合塔台数据、雷达数据、航空公司数据、机场数据，提供流量预测、特情处置等功能，实现飞行流量管理和机场航班运行协同决策，为民航航班指挥提供一站式数据服务。达到覆盖华东地区近 40 个机场的规模，并逐步推广到全国 7 大地区局。针对智能化航运业务的需求，建设航运大数据平台。汇聚整合全球港口、货物、船舶等数据，融合多源物联网、北斗导航等数据，实现航运数据共享服务，建立基于大数据的现代航运物流服务体系。

公共安全。针对公共安全领域治安防控、反恐维稳、情报研判、案情侦破等实战需求，建设基于大数据的公共安全管理和应用平台。汇聚融合涉及公共安全的人口、警情、网吧、宾馆、火车、民航、视频、人脸、指纹等海量业务数据，建设公共安全领域的大数据资源库，全面提升公共安全突发事件监测预警、快速响应和高效打击犯罪等能力。探索"以租代建"模式，依托第三方专业数据中心，实现数据内容托管、数据服务租用的现代运营模式创新。

科技服务。针对科技服务数据整合、交互式服务、发展趋势预测、战略决策支持等需求，探索科技服务链整合、众包分包、供需对接的交互式平台型服务模式，建立科技服务业资源共享体系，建设跨领域科技服务与工程创新平台。汇聚科技成果、项目、人才、服务、互联网创新创意等大数据资源，支撑研发设计、技术转移转化、创新创业、科技咨询、科技金融等方面的科技服务。打造"科联工程"，形成跨领域的大数据服务模式。

② 行业应用推进。

重点选取金融证券、互联网、数字生活、公共设施、制造和电力等具有迫切需求的行业，开展大数据行业应用研发，探索"数据、平台、应用、终端"四位一体的新型商业模式，促进产业发展。

金融证券。针对金融证券领域高频算法交易、数据综合分析、违规操作监管、金融研究报告交易、金融数据服务等方面的需求，建设金融大数据分析与智能决策支持系统。汇聚融合国内外证券及相关衍生品市场的高通量交易数据，整合行业媒体实时资讯与舆情，为相关机构提供金融监管和风险管控等智能决策支持，为投资者提供金融市场数据和经济数据、投资方向等个性化的金融数据服务。

互联网。针对互联网领域精准营销、销售趋势预测、广告精细管理和市场决策支持等方面的需求，建设面向互联网的大数据分析和服务系统。汇聚融合门户、论坛、微博、社交网络、搜索、购物、阅读、点评等互联网数据，提供用户细分、个性化推荐、行业报告、竞争分析、商业洞察、定价策略等互联网营销服务，实现以效果计费的创新营销商业模式。系统服务覆盖100家以上电子商务企业，促进企业从传统营销向互联网营销转型。

数字生活。针对日益增长的现代化生活需求，建设数字生活大数据服务系统。收集整合流行时尚、行业发展指数、用户消费习惯、收视记录、社交媒体、地理位置等大数据，充分挖掘用户的消费习惯和兴趣偏好，提升企业辅助决策能力，形成有市场竞争力的创新商业模式，面向300万以上消费者提供个性化衣食住行等生活互动信息。

公共设施。针对公共设施养护、管理的需求，建设公共设施大数据服务系统。采集、整合上海各类道路、桥梁、隧道和商业楼宇的结构性能、运行状态等数据，为公共设施养护、运营决策以及安全管理提供依据，实现对公共设施的实时监测和预警，在全市的路桥隧道和商业楼宇等开展规模应用，形成公共设施运营与养护新模式。

制造业。针对科学评价生产系统规划、降低产品缺陷率等需求，建立制造业大数据系统。整合已有的物理工厂、质量体系、工序数据、成本核算等建模数据，建立仿真工厂，对已有的生产实绩数据进行生产仿真，模拟工厂运行，为工厂实际建设提供决策依据。收集产品生产过程各环节的实时质量数据，实现敏捷的一体化质量监测和管控，并支持产品质量追溯，形成基于大数据的一贯过程质量控制及分析系统，并向第三方提供服务。

电力。针对坚强智能电网建设、维护和管理的需求，收集发电厂实时运行数据，建立发电厂数字仿真模型，为提高生产安全性、提高发电效率（降低单位电能煤耗、厂用电指标）提供决策依据。实时收集电网电力资产状态数据，实现电力资产在线状态检测、电网运行在线监控、主动安全预警及调度维保，保障电网可靠高效运行；快速收集用电数据，为需求响应、负荷预测、调度优化、投资决策提供支持。

5）保障措施

（1）创新体系建设

成立"上海大数据产业技术创新战略联盟"，建设"上海市数据科学重点实验室"、数据工程技术研究中心等，以大数据技术创新及产业应用为目标、以联盟为纽带促进形成若干引领大数据产业技术创新的企业联合实体；以合同契约为保障有效整合产、学、研、用等各方资源，以技术创新为驱动力、市场刚性需求为推动力，发展拥有自主知识产权且符合国内外产业发展需求的共性应用技术、产业标准和产品规范。

（2）专业人才培养

开展数据专业领域人才的培养，培训一批资深数据工程师，培育跨界复合型人才，与国内外数据专家形成持续稳定的协作关系。鼓励高等院校和企业合作，开展数据科学和大数据专业学历教育，依托社会化教育资源，提高大数据产业人员的业务水平，发挥大数据高层次引进人才的重要作用，开展大数据专业培训，形成人才梯队。

（3）制度法规完善

研究大数据产业相关的政策法规，提出数据资源权益、隐私保护等方面的法规细则建议，制定大数据相关标准，并提出技术解决手段，在保护数据资源的同时，促进数据资源合理有序地开发利用。在人才、财税、科技金融等方面设计有利于数据人才和数据产业发展的政策，逐步建立有利于上海大数据研究与发展的制度法规体系。

（4）合作协同推进

推动数据资源、数据技术、数据应用等方面企业开展深入合作，形成数据共享、数据流通、数据分析的机制和模式，提升数据开发、使用的效率和效能。围绕大数据技术链、产业创新链，运用市场机制集聚创新资源，实现企业、大学和研究院所等机构在战略层面的有效结合，通过资源共享、协同开发和集成创新，形成上海大数据的核心竞争力。

6）推进机制

（1）总体规划，分步实施

把握总体方向，制定具体实施方案，以项目的形式分解任务，将大数据列入专项计划，依据项目成熟度，按年度分批推进。

（2）签订协议，规范共享

以签订合作协议的方式和项目承担单位明确责任，设定数据共享标准及保密等级，在平等互信的基础上实现数据的共享和利用。

（3）阶段检查，综合评估

成立专家委员会，分解责任，在项目实施的过程中实行专家责任制，进行阶段检查和总结，按期评估项目执行情况和追责。

（4）明确主体，营造氛围

依托上海大数据产业技术创新战略联盟秘书处，设立推进办公室，推进行动计划的实施，组织沙龙、讲座、竞赛等活动，在全社会营造数据研究和开发的氛围。